Stable isotope Pinus massoniana hydrology

稳定同位素马尾松人工林水文

徐 庆　张蓓蓓　高德强　等 著

中国林业出版社
China Forestry Publishing House

本书著者

徐 庆　张蓓蓓　高德强　王 婷　隋明浈

主持单位：中国林业科学研究院森林生态环境与自然保护研究所

图书在版编目（CIP）数据

稳定同位素马尾松人工林水文/徐庆等著.－－北京：中国林业出版社，2023.2
ISBN 978-7-5219-2140-3

Ⅰ.①稳… Ⅱ.①徐… Ⅲ.①马尾松－人工林－森林水文学－研究 Ⅳ.①S791.248

中国国家版本馆CIP数据核字(2023)第029921号

策划编辑：刘家玲
责任编辑：甄美子

出版发行：中国林业出版社
　　　　　（100009，北京市西城区刘海胡同7号，电话83223120）
电子邮箱：cfphzbs@163.com
网　址：www.forestry.gov.cn/lycb.html
印　刷：中林科印文化发展（北京）有限公司
版　次：2023年2月第1版
印　次：2023年2月第1次
开　本：787mm×1092mm 1/16
印　张：6.75
字　数：210千字
定　价：60.00元

序

人工林是全球森林资源的重要组成部分，在涵养水源、木材生产、环境改善和增加碳汇等方面发挥重要作用。马尾松是我国亚热带地区主要造林用材树种，对于满足国内木材需求和维持生态安全至关重要。然而，我国马尾松人工林仍然存在林分结构单一、生产力低下和生态稳定性差等问题。尤其在全球气候变化背景下，马尾松人工林水文过程发生改变，导致其生产力及保持水土能力下降，研究马尾松人工林水文过程，对于提高人工林生产力和增强其对气候变化的适应能力具有重要意义。稳定同位素技术具有较高的灵敏度与准确性，为马尾松人工林水文过程研究提供了新的技术手段，解决了许多利用传统技术难以解决的问题。

《稳定同位素马尾松人工林水文》主要以我国亚热带不同类型马尾松人工林（纯林、针阔混交林）为研究对象，提出了马尾松针阔混交林对水文过程的调控作用优于群落结构单一的马尾松纯林，创新和发展了人工林水文过程定量研究模式，为我国人工林结构优化及可持续经营管理提供了科学的理论依据。

中国林业科学研究院森林生态环境与自然保护研究所徐庆研究员及其学科团队，近十几年来一直从事稳定同位素生态水文研究，她建立了我国稳定同位素生态水文学研究的理论与技术框架，并付之于实践中，取得了系列成果。该书是继《稳定同位素森林水文》和《稳定同位素湿地水文》出版之后的又一部关于稳定同位素陆地生态系统水文过程研究的成果。

该书研究内容丰富、研究区域较广，避免了因各研究地区空间异质性造成的研究结果不准确；研究方法先进，描述清楚；学术水平达国内领先，填补了基于稳定同位素的我国人工林生态系统水文过程定量研究的空白，为我国陆地生态系统水循环过程的定量研究奠定了理论基础。该书可作为我国生态学、林学、森林水文学、土壤学、地质地理学和稳定同位素生态学专业的高等院校研究生及林业科研人员的参考书。该书的出版，将积极推动稳定同位素技术在我国人工林生态水文学研究中的应用和发展，对今后我国亚热带地区人工林植被恢复和重建以及水资源科学管理等具有一定的支撑、引领和保障作用。

我衷心地祝贺作者，为这部专著的出版感到高兴，特此提笔作序。

中国科学院院士

前　言

马尾松（*Pinus massoniana*）是我国亚热带地区特有的乡土树种和南方低山丘陵地区荒山造林先锋树种，也是重要的工业原料树种。马尾松人工林在我国人工林资源总量中占有重要地位。自20世纪60年代大力发展人工林以来，我国马尾松人工林面积逐渐增加，但60%为人工纯林。这种林分结构单一、趋于针叶化且高密度的人工林经营方式导致林内养分循环缓慢、土壤肥力下降，同时也会出现病虫害频发、抵御气候灾害能力及水源涵养能力差等问题。尤其在全球气候变化背景下，亚热带地区季节性干旱频发，改变了马尾松人工林水文过程，影响其对水资源的利用效率，最终导致林分生产力降低。因此，探究马尾松人工林水文过程对于提高其生产力、增强其对气候变化的适应能力至关重要。稳定同位素技术在人工林生态水文研究中的优势在于可将其生态系统水文过程，包括从大气降水到土壤水、植物水、地下水、蒸发水等的转化与分配过程作为一个整体来研究，定量地阐明其关键过程与影响机制，最终将人工林冠层和土壤层等对水分的截流定量化。

本书内容共分七章。第一章绪论详细介绍稳定同位素、稳定同位素人工林水文的基本概念及稳定同位素技术在马尾松人工林水文过程中的应用研究进展；第二章介绍了研究区概况和研究方法；第三章至第五章系统介绍了稳定同位素技术在我国亚热带（南亚热带、中亚热带、北亚热带）不同类型马尾松人工林生态系统关键水文过程——大气降水、地表水、土壤水、植物水和地下水等研究中的应用；第六章阐述了马尾松人工林各水体之间的转化关系；第七章阐述马尾松人工林对水文过程的调控作用以及取得的创新性成果。

笔者以中国亚热带典型地区（南亚热带广东肇庆、中亚热带湖南会同、北亚热带湖北秭归）不同类型马尾松人工林（纯林、针阔混交林）为研究对象，运用氢氧稳定同位素技术，结合贝叶斯模型等手段，系统和定量地阐明林中优势植物马尾松水分利用率、利用格局和利用模式，结合植物群落、土壤结构、光合生理特性等数据进行综合分析，定量阐明了马尾松人工林水文过程，初步揭示了我国亚热带马尾松植物水分利用机制以及马尾松人工林植被结构对降水格局变化的适应机制，为我国马尾松人工林结构优化、生产力的提升及可持续经营管理措施的制定提供科学的理论依据，这是一本运用新技术研究人工林水文过程的入门工具书。

本书的研究和出版，得到了中央级公益性科研院所基本科研业务费专项资金重点项目（编号：CAFYBB2017ZB003）、国家自然科学基金项目（编号：31870716；31670720）及国家重点研发计划子课题（编号：2016YFD0600201）的资助。

在本书付梓之际，特别感谢我的导师蒋有绪院士为本书作序；感谢广东鼎湖山森林生态系统国家野外科学观测研究站、湖南会同森林生态系统国家野外科学观测研究站和湖北秭归长江三峡库区森林生态系统定位观测研究站对我们野外工作的大力支持和帮助；感谢左海军博士、许文斌博士等对书稿的校对。

因编写时间仓促，疏漏之处在所难免，敬请广大读者批评指正。

徐秋

2022 年 10 月

于北京

目 录

序
前 言

第一章 绪 论······01
第一节 稳定同位素基本概念与原理······02
第二节 国内外研究现状及发展趋势······04

第二章 研究区概况及研究方法······10
第一节 研究区概况······10
第二节 研究方法······16

第三章 大气降水氢氧同位素特征及水汽来源······21
第一节 大气降水 δD 和 $\delta^{18}O$、日降水量随采样时间的动态变化······22
第二节 大气降水 δD 和 $\delta^{18}O$ 特征······24
第三节 大气降水过量氘季节变化······27
第四节 大气降水 δD 和 $\delta^{18}O$ 与环境因子的关系······28
第五节 降水水汽来源轨迹模拟······31
第六节 中国亚热带大气降水氢氧稳定同位素特征及其影响因子······32

第四章 土壤水氢氧同位素特征······35
第一节 土壤水 δD 随采样时间的动态变化······36
第二节 不同量级降水对各层土壤水的贡献率······41
第三节 影响降水对各层土壤水贡献率的主要因素······45
第四节 降水对中国亚热带马尾松人工林土壤水的贡献率及其影响因素······50

第五章　植物水氢氧同位素特征 ································ 55

第一节　植物水 $\delta D \sim \delta^{18}O$ 关系 ································ 56
第二节　优势植物水分利用率 ································ 60
第三节　影响马尾松水分利用率主要因素 ································ 63
第四节　中国亚热带马尾松水分利用率及其影响因素分析 ································ 66

第六章　各水体转化关系 ································ 73

第一节　各水体氢氧稳定同位素特征 ································ 74
第二节　降水-土壤水-地下水转化关系 ································ 77
第三节　降水-土壤水-植物水转化关系 ································ 79

第七章　马尾松人工林对水文过程的调控作用 ································ 83

第一节　马尾松人工林对降水在土壤剖面入渗过程的调控作用 ································ 83
第二节　马尾松人工林对地下水的调控作用 ································ 90

参考文献 ································ 94

第一章
绪 论

森林与水的关系问题一直是生态学研究的热点之一（张志强等，2003；刘世荣等，2007；Sun et al., 2013；徐庆，2020）。森林作为陆地生态系统主体，在保持水土、涵养水源、调节径流、维持生态平衡等方面起着重要作用（Yang et al., 2015；徐庆，2020）。中国森林水源涵养量为 $7.43 \times 10^{11} m^3$，约占全国水源涵养量的 60.08%（龚诗涵等，2016）。同时，森林的分布和丰富度主要受水资源的制约，有效调控和改善森林生态系统的水分状况，也是提高森林生产力的重要措施（Qubaja et al., 2020）。人类活动导致全球水资源分布格局发生改变，极端降水和极端干旱事件发生频率及强度不断增加，且有研究表明全球内流区的水储量自 21 世纪初总体呈下降趋势（Wang et al., 2018）。因此，随着全球水资源的匮乏及全球淡水资源需求量逐年增加，开展不同类型森林生态系统水资源利用及水文过程的研究、选择有效的营林措施、增强森林应对气候变化的适应能力，对全面提升森林生态系统生产力十分重要。

联合国粮农组织全球森林资源评估报告显示，全球森林面积自 1990 年以来总体呈下降趋势，而人工林面积却每年增加 200 万～300 万 hm^2，因此人工林在生态系统服务方面发挥着越来越重要的作用（如满足木材需求、减缓气候变化等）（Verheyen et al., 2015）。我国是世界上人工林面积最大的国家，由于长期大面积营造纯林，加上全球气候变化（如气温升高和降水格局改变）对植物水分运输及利用的影响，引起林地生物多样性下降、生产力降低、病虫害增多等一系列问题（田敏等，2010）。因此，提高我国人工林生态系统的稳定性，增强其应对气候变化的适应能力十分重要（刘世荣等，2015）。水分是人工林生产力的主要影响因子，人工林生产力高低通常与植物水分利用率及水分利用效率相关（Otto et al., 2017）。Albaugh 等（2016）研究表明，长期水分供应不足会降低或终止人工林树木的光合作用能力，从而降低整个人工林的生产力；但过量的水分供应又会抑制树木的根呼吸，从而降低人工林生产力。Cahyo 等（2016）研究发现湿季对人工林进行排水处理可以提高其生产力。因此，水分匮乏或过量均会影响人工林的生产力，了解人工林水资源利用过程，可以为典型树种人工林结构优化和生产力的提升提供理论基础。

马尾松（*Pinus massoniana*）是中国特有的乡土树种，其适应性强、耐干旱与贫瘠，广泛分布于秦岭—淮河以南，为我国南方低山丘陵地区荒山造林的先锋树种及速生丰产的用材树种之一，在我国森林资源总量和生态治理防护中占有重要地位（姜春武等，2017；杨予静等，2018）。20 世纪 60 年代，我国开始大力发展人工林，马尾松人工林面积逐渐增大，但 60% 的马尾松林为人工纯林。长期的马尾松纯林经营导致其林内养分循环差、立地衰退、生境恶化及生态系统脆弱，易受松毛虫和火灾危害（莫江明等，2001）。因此，如何通过改造和科学经营减缓马尾松人工林土壤肥力衰退、改善其水文涵养功能，进而提升森林质量，成为人工林经营中亟待解决的科学问题（袁秀锦等，2018）。一些学者研究认为，混交林能够通过种间关系互补优势充分利用环境条件、改善林内环境（如改良土壤）、抵抗自然灾害（如火灾、松毛虫）及更好地涵养水源（袁秀锦等，2018）。因此，营造马尾松混交林是改善马尾松人工纯林生态系统的关键，特别是在马尾松纯林中套种阔叶树种是修复脆弱的马尾松人工林生态系统的有效途径。研究表明，马尾松针阔混交林比其纯林能更好地维护林地生态平衡、调节林内小气候、改善土壤肥力、减少病虫害和森林火灾、提高森林生产力（陈黑虎，2014）。前人对马尾松人工林（纯林、混交林）的土壤微生物碳氮生物量特征（多祎帆等，2012）、土壤理化性质（秦娟等，2013）、枯落物层持水特性（袁秀锦等，2018）等进行了初步研究。然而，对马尾松纯林、混交林（尤其是针阔混交林）的水源涵养能力、马尾松人工林优势植物水分利用格局和利用模式以及人工林产量形成过程中的生态水文特性等的定量研究较少，而这些研究对马尾松人工林的提质增效等具有十分重要的意义。

随着质谱技术及同位素仪器的快速发展以及人们对同位素原理的理解不断加深，稳定同位素技术在生态学中的应用也越来越广泛（Xu et al., 2011; Zhang et al., 2019; 徐庆等，2022）。其中，氢氧稳定同位素已成为定量研究不同时空尺度上水循环过程和植物水分利用过程的有力工具（Meng et al., 2016）。通过分析水中氢氧同位素组成可以确定生态系统或者植物个体的水通量变化（Weltzin et al., 2003），如植物水分利用格局（Yang et al., 2015; Wang et al., 2017; Zhang et al., 2020）、树干茎流、穿透雨（陈琳等，2018）、土壤水分迁移规律（Xu et al., 2012; Zhang et al., 2019）等。目前已经应用稳定同位素技术开展了诸多关于生态系统水循环过程的研究（徐庆，2020; 2022; Zhang et al., 2019; 2020）。

为了更好地了解我国马尾松人工林水资源利用过程，本研究以我国亚热带（南亚热带广东肇庆、中亚热带湖南会同、北亚热带湖北秭归）马尾松人工林（纯林、针阔混交林）为研究对象，运用氢氧稳定同位素技术，结合植物群落和土壤结构、生物量、植物根系以及环境因子（降水、温度等）等数据，定量阐明不同量级降水对不同林分类型马尾松人工林各层土壤水的贡献率及不同类型马尾松人工林优势植物水分利用格局，探讨在不同量级降水条件下，影响不同类型马尾松人工林水资源利用格局的主要因素，为揭示马尾松人工林植被结构对降水格局变化的响应机制以及马尾松人工林结构优化、生产力的提升及可持续经营措施的制定提供科学依据。

第一节 稳定同位素基本概念与原理

一、同位素及稳定同位素

同位素（isotope）是指原子核内，质子数相同中子数不同的一类原子，它们在元素周期表中占据同一个位置。如氢有三种同位素，氕（H）、氘（D，重氢）、氚（T，超重氢）；

碳有多种同位素，^{12}C（碳-12）、^{13}C（碳-13）和^{14}C（碳-14，有放射性）等。

稳定同位素（stable isotope）是指某元素中不发生或极不容易发生放射性衰变的同位素，又称环境同位素。自然界水体中的氢稳定同位素有^{1}H（氕）、D（氘）共2种同位素，氧稳定同位素有^{16}O（氧-16）、^{17}O（氧-17）和^{18}O（氧-18）共3种同位素；碳稳定同位素有^{12}C（碳-12）、^{13}C（碳-13）共2种同位素。

稳定同位素的优点：①没有放射性，即对环境没有破坏性。②可示踪和整合生物生存环境时空变化过程。③精密度和准确度较高。④采集少量的样品即可分析、解决生态系统中复杂的随时空动态变化的生态关键过程等科学问题。

二、稳定同位素人工林水文学基本概念

人工林（artificial forest）是指采用人工播种、植苗或分殖等方法和技术措施营造培育而成的森林。人工林的经营目的较明确，树种选择、空间配置及其他造林技术措施都是按照人们的需求来安排的。其主要特点是：①所用种苗或其他繁殖材料是经过人为选择和培育，遗传品质良好，适应性强。②树木个体一般是同龄的，在林地上分布均匀。③用较少数量的树木个体形成森林，群体结构均匀合理。④树木个体生长整齐，能及时地、划一地进入郁闭状态；郁闭成林后个体分化程度相对较小，林木生长竞争比较激烈。⑤林地从造林之初就处于人为控制下，能适应林木生长的需要。

人工林水文（artificial forest hydrology）是指研究人工林植被对水循环的影响及相关水文过程的响应，即通过分析经过人工造林影响后各水分平衡分项的数量或质量的变化，探索人工林对水量或水质时空分布的作用，从而在不同时空尺度上评价人工林水文功能的规律或水文效应等特征。

稳定同位素人工林水文学（stable isotope artificial forest hydrology）是指运用稳定同位素技术研究人工林植被对水循环过程和环境影响的学科，其主要研究内容包括以下4个方面：①利用稳定同位素技术探究人工林生态系统水文过程的输入端——大气降水的水汽来源。②利用稳定同位素技术定量阐明不同水体（大气降水、地表水、地下水等）对人工林生态系统土壤水的贡献比例。③通过比较分析人工林生态系统中植物水与其潜在水源的氢氧稳定同位素组成，判定人工林优势植物水分来源，并计算其对各水源的利用比例，揭示不同营林措施下人工林优势植物水分利用机制及其关键调控因子。④通过分析大气降水、地表水、土壤水、植物水及浅层地下水的氢氧稳定同位素组成，揭示人工林生态系统中各水体之间的转化关系。

稳定同位素生态学（stable isotope ecology）是指运用稳定同位素技术研究地球自然系统的生物与环境之间相互关系的新兴学科，整合生态系统不同时空尺度生态过程与机制，其研究成果广泛应用于生态、环境、水文、地质、农业、林业、食品安全、环境监测、法医鉴定及刑事侦探等领域。与其他技术相比，稳定同位素技术的优点在于能够定量研究这些生态过程和环境科学问题，并且是在没有干扰和环境危害的情况下进行（徐庆，2020）。

稳定同位素生态学研究内容具体包括4个方面：①运用稳定同位素技术示踪生源要素或污染物的来源以及在生态系统内或生态系统之间的流动和循环。②运用稳定同位素技术

综合时间和空间上的生态学过程。③运用稳定同位素技术指示关键生态过程的存在及其程度。④运用稳定同位素技术记录生物对全球环境条件变化的响应。

三、稳定同位素基本原理

氢稳定同位素具有 ^1H（氕，H）、^2H（氘，D）2 种形式；氧稳定同位素具有 ^{16}O、^{17}O、^{18}O 3 种形式；碳稳定同位素具有 ^{12}C、^{13}C 2 种形式。由于自然界中不同水体经历不同的相变过程而导致其氢氧同位素组成不同，因而通过分析不同水体之间氢氧同位素组成的差异，可揭示生态系统水循环过程及其系统中各水体之间关系。碳稳定同位素组成（$\delta^{13}C$）与植物水分利用效率（WUE）高度相关，因而通过分析不同环境条件下植物的碳稳定同位素组成（$\delta^{13}C$）可反映植物水和碳的关系，有效指示植物长期 WUE，从而揭示气候环境的变化对植物水分利用关系及生理过程的影响。

某种稳定同位素的相对含量（R）通常表示为重轻同位素质量之比，但由于同位素不同形态之间的 R 值的绝对差异非常小，而且重同位素在自然界中的绝对含量一般很低，因而稳定同位素的绝对含量很难直接量化。国际上用待测样品的稳定同位素比值（R_{sample}）与一标准物质的稳定同位素比值（$R_{standard}$）作比较，其比值用 δ 值表示，其计算公式为：

$$\delta(‰) = (R_{sample}/R_{standard} - 1) \times 1000‰ \tag{1.1}$$

式中：R_{sample}——样品中元素的重、轻同位素丰度之比（D/H、$^{18}O/^{16}O$）；$R_{standard}$——国际通用标准物的重、轻同位素丰度之比（D/H、$^{18}O/^{16}O$）。

第二节 国内外研究现状及发展趋势

一、森林水文过程国内外研究进展

森林作为最重要的陆地生态系统，在维持养分和水分循环、应对气候变化、提供大量林产品等生态系统服务等方面均发挥主导作用（Huang et al., 2018）。而森林生态系统服务功能的发挥依赖于森林的稳定性和可持续性。近几十年来，由于人类对自然资源的过度索取，引起森林结构的变化、森林生态系统退化，严重限制其生态系统功能的发挥和可持续发展（Bongers et al., 2020）。如何精准提升森林质量、增强森林生态系统服务功能，这是当下林业科技工作者致力解决的关键生态问题之一。水作为生物地球化学循环的重要载体，直接参与森林生态系统的养分和水分循环、调节气候、维持生态系统稳定等各个环节。森林与水的关系是当今全球生态水文研究的热点之一，森林具有涵养水源、调节水资源时空分布、减少水土流失等生态功能。森林的退化会降低森林的蓄水和调节径流功能（徐庆，2020）。探究森林与水的关系问题，进而维持森林涵养水源功能对解决当下水资源危机、实现水资源永续利用等方面意义重大。

经典的森林生态系统水文过程主要包括以下几个方面：首先，大气降水经过林冠截留和灌丛截留后形成树干茎流以及穿透雨降落到地面；其次，经过枯枝落叶层、土壤的腐殖质层及土壤逐层吸收并分流（主要形成地表径流和壤中流）过程，部分降水下渗补给地下水或河川；最后，被植物或土壤截留吸收的水分的其中一部分又会通过蒸发或植物蒸腾（二者统称为蒸发散）的方式返回大气。不同森林生态系统及气候条件下，下垫面的水文过程的各组分所占比例不一。目前认为影响整个水文过程的主要因素包括：降水强度及频率、降水前期森林状态、森林结构、地质状况及土壤结构等因素。研究表明，降水进入森林生态系统后，被林冠层截留最终蒸发的水量占降水量的5%～10%；林下枯枝落叶层截留量约占8%～10%；林地土壤蓄水量约占70%～80%。其中林地土壤蓄水量可达无林地的5～10倍，为200～400t/hm^2。近年来学术界关于森林生态系统水文过程的研究主要涉及以下几个方面：①森林涵养水源的能力。②森林与大气降水。③森林调节河川径流的作用。④森林植被的水分利用特征。尽管前人做了诸多研究，但目前关于森林生态系统水文过程的定量研究和分析仍不足，特别是关于森林生态系统水文过程中存在的一些瓶颈问题还没有得到很好的解决，例如森林生态系统的各水体的来源、优势植物的水分利用格局和模式以及不同营林方式对人工林植物水分利用过程的影响机制等。

学术界关于森林生态系统水文过程的研究多运用传统水文学方法。例如：段文军等（2015）曾在漓江上游猫儿山国家级自然保护区的包括高山矮林、水青冈（*Fagus longipetiolata*）林、木荷（*Schima superba*）林在内的几种典型森林植被的生态水文过程的林外降雨、河川径流、地表径流等进行了长期定位观测；李海防等（2016）在其基础上以毛竹（*Phyllostachys edulis*）林、木荷林和杉木（*Cunninghamia lanceolata*）林3种植被类型为研究对象，通过森林土壤水分自动观测系统的测定，发现大气降水是驱动该地区土壤含水量变化的关键因子，土壤含水量主要受降雨、植被结构和蒸腾的影响。随着质谱技术和同位素仪器的快速发展以及人们对同位素基本原理的理解不断加深，稳定同位素技术以独到的优势逐渐被广泛应用到生态水文研究中（Xu et al., 2011; Zhang et al., 2019; 徐庆，2020；2022）。其中，氢氧稳定同位素技术已成为研究不同时空尺度上生态系统水文循环过程的有力工具（Meng et al., 2016）。例如：Zhang等（2019a）利用氢稳定同位素技术，定量研究安徽沿江地区不同量级降水对两种淡水湿地森林土壤水的贡献率大小，结果表明美洲黑杨（*Populus deltoides*）-池杉（*Taxodium distichum*）-枫香（*Liquidambar formosana*）针阔混交林可以通过改变土壤结构从而提高土壤持水能力，使其具有比美洲黑杨纯林有更好的蓄洪防旱能力，为应对长江中下游地区频发的极端降水事件提供有力防范措施。

二、马尾松人工林水文过程研究进展

马尾松是松科（Pinaceae）松属（*Pinus*）乔木，具有生长快，喜光、喜温，能适应干旱瘠薄的土壤，但怕水涝、不耐盐碱等特点。马尾松在我国分布范围广泛，西起四川和贵州，东至沿海；南抵湖南、广东、广西及台湾，北达河南及山东南部，是我国南方工农业生产的主要用材树种和荒山造林工程中的先锋树种，具有重要的经济价值和生态地位（陈进等，2018; Wang et al., 2022）。同时，马尾松在我国森林资源总量中占有举足轻重的地位，是森林面积排位第五的优势树种（面积超过了 $1 \times 10^5 km^2$）。虽然马尾松林分布广泛，但我国 60% 的马尾松林是纯林进而导致其森林质量不高，单位面积林分蓄积量低于我国乔木树种平均值（孟祥江等，2018）。

关于马尾松人工林水文过程的研究，早在 20 世纪 90 年代，马雪华等（1993）就对江西省分宜县山下林场的马尾松人工林中主要水文要素：降水、林冠截留、树干茎流、土壤水分含量、地表径流及各水体的养分含量进行了研究。近年来，关于马尾松人工林水文过程研究主要集中在不同林龄、不同林分类型、不同植被恢复方式等对马尾松人工林的水源涵养能力、土壤及凋落物持水能力的影响（陈进等，2018; 袁秀锦等，2018）。例如：马尾松近熟林土壤涵养水源能力明显高于幼龄林和中龄林（孙艳等，2018）；苏南马尾松林的树干茎流率和穿透雨率随降雨强度和降雨等级增加而增大，而截留率则呈现相反规律（杜妍等，2019）；广西马尾松和红锥（*Castanopsis hystrix*）纯林对降水再分配存在明显差异，其中红锥纯林对降水具有更好的林冠截留能力（雷丽群等，2018）。除了运用传统水文学方法，还有少量研究运用了稳定同位素技术。例如：Yang 等（2015）运用氢氧同位素初步研究江西千烟洲季节性干旱对马尾松、湿地松（*Pinus elliottii*）等植物水源的影响，结果表明这三种植物对相似深度水资源的利用存在种间竞争；在旱季，植物水分更多来自深层土壤水，而雨季则主要来自浅层土壤水。

综上，前人已经对马尾松人工林水文过程进行了诸多研究，但仍缺乏马尾松纯林及其混交林水文过程差异的定量研究，对于马尾松混交林是否比马尾松纯林具有更好的利用格局及水源涵养能力也尚不清楚。且以往研究运用传统水文学方法，研究内容仅限于马尾松人工林生态系统内单一水文循环过程，缺乏将马尾松人工林生态系统的水文过程作为整体进行定量研究。

三、氢氧稳定同位素技术在森林水文过程中的应用研究进展

1. 利用氢氧稳定同位素技术研究区域大气降水特征及来源

稳定同位素已经被广泛应用于研究大气降水氢氧同位素特征和水汽来源。大气降水是陆地生态系统水循环过程的主要输入端，同时对气候变化起到指示作用（Tang et al., 2017; 徐庆，2020）。由于氢氧稳定同位素的分馏作用，大气降水中氢氧同位素（D 和 ^{18}O）可以敏锐地记录环境水分的变化，例如相对湿度、温度、降雨量等（Dansgaard et al., 1964）。大气降水中的氢氧同位素存储了许多关于水文地质、气候和生态应用的重要"基线"信息，应用范围从全球（如同位素大气环流模型）到当地（如划定集水区、市政用水规划）。因此，研究大气降水中的氢氧同位素组成是研究当地和全球水循环的必要前提（Wan et al., 2018）。自 Craig（1961）和 Dansgaard（1964）最早的研究以来，科学家们越来越多地通过对大气降水氢氧同位素组成的分析来研究区域水文过程和气候特征（Li et al., 2017），如古气候重建（Chamberlain et al., 2015）、植物水分利用（Zhu et al., 2018）、集水区的水分平衡（Zhao et al., 2018）等。

作为水循环的示踪剂，降水中的氢氧稳定同位素组成主要受到水分蒸发、凝结过程及诸多环境因素影响。在过去的几十年中，已经有较多关于降水中氢氧同位素特征的研究，

其中降水水汽来源和水汽运输途径被讨论得最多。众多研究表明大气降水同位素组成的变化与水汽源地有关，例如大气降水中的过量氘（d）与水汽源地的相对湿度有关，降水中过量氘（d）值低表明水汽源地相对湿度较高（Yu et al., 2016）。除此之外，降水过程中会逐渐消耗重同位素。研究表明，长距离的水分运输中由于不断产生垂直降雨导致大气降水中氧同位素值偏负（Tan et al., 2014）。大气降水氢氧同位素组成还与当地气象参数相关，如降水量效应、温度效应以及在我国安徽沿江地区大气降水氢氧同位素特征研究发现，安庆地区空气相对湿度是影响过量氘值的重要因素之一，安庆地区空气相对湿度与过量氘（d）显著正相关（张蓓蓓等，2017）。在产生降雨过程中，雨滴从云层底部落到地面过程中经历的蒸发作用，即二次蒸发，也被证明对降雨氢氧同位素有影响。如我国西北地区在夏季风期间二次蒸发作用较强，且二次蒸发与降雨量、相对湿度和水汽压呈负相关，与温度（>0℃）呈正相关。人们还认为，大规模的环流效应（如ENSO、夏季风活动、西风环流、北大西洋涛动等）通过控制水分源的变化以及通过影响温度、压强和湿度条件等，进而影响降水同位素变化。如上海降水氢氧同位素特征与ENSO有关，El Niño期间，$\delta^{18}O$与d值偏正，La Niña期间，$\delta^{18}O$与d值偏负（董小芳等，2017）。综上所述，大气降水受多种环境因素影响，不同地区有所差异，特别是我国地域辽阔，大气降水同位素差异较大。因此，有必要对不同地区降水中氢氧同位素组成及分布特征进行研究，特别是在具有各种水源的地区，确定不同的水源，并研究它们如何响应不同的大气环流模式。

2. 利用氢氧稳定同位素技术研究植物水分来源及水分利用策略

植被是陆地水文循环过程中的重要组成部分，植物与水的关系问题也一直是森林水文研究的热点。一方面，植物的生存需要水分以及植被的分布、组成及结构直接受到水资源分布的影响。另一方面，区域水循环与气候条件、不同的植物组成以及不同植被覆盖密度等息息相关，植物通过根、茎、叶对水分的吸收、存储、释放、过滤作用在森林水文过程中起到重要的作用（Liu et al., 2013），改变植被的覆盖度和结构对水分的拦截和运输等水循环过程有明显的影响。因此，关于植物水分来源及水分利用策略的研究成为现代生态学和水文学研究中的一个重要关注点。而氢氧稳定同位素（^{18}O和D）是确定不同环境条件下植物水源强有力的工具（Brooks et al., 2010）。

目前结合氢氧稳定同位素技术来分析植物水分来源的方法主要为直观法、二元或三元线性模型方法、多元混合模型方法（IsoSource）、吸水深度模型及贝叶斯模型（SIAR、MixSIR、MixSIAR）等，其中贝叶斯模型的结果可信度高，具有更好地区分水源的性能（张宇等，2020）。例如：Wang等（2017）运用贝叶斯模型计算了黄土高原三种典型植物荆条（*Vitex negundo*）、铁杆蒿（*Artemisia gmelinii*）、长芒草（*Stipa bungeana*）的水分来源，发现长芒草吸收的水分中79.5%来自0～120cm土层，铁杆蒿分别吸收了57.1%的浅层土壤水分和22.8%的中层土壤水分，荆条吸收了最大比例的深层土壤水分，并且随着生长季的进行逐渐增加其比例，显示较强的可塑性。在许多共存的物种中还发现关于水分来源的竞争及其对水分竞争的适应性（Schachtschneider and February, 2010）。在水分限制条件下，吸收相似土层的物种表现出水文生态位重叠，表现出相互竞争（Yang et al., 2015），而吸收不同土层水分的植物可以最小化竞争并提高植物适应性。但是，尽管有些植物吸收相似的土层水分，它们可以通过调节生理活动，如叶片水势和光合速率，来适应水分条件和减少水分竞争（Chen et al., 2015）。而降水特征被认为是影响植物吸水的必要因素（Wu et al., 2016），不同量级降水条件下，植物吸收利用水分的格局不同。植物采用不同的水分策略，在其吸水、气孔调节、叶片水势和碳吸收之间进行平衡来适应不同层次的土壤水分。

3. 利用氢氧稳定同位素研究土壤水

土壤水是土壤-植物-大气系统中的一个关键生态水文变量，了解土壤水-植物相互作用是生态水文研究的核心。土壤水分亏缺引起的水分胁迫可以直接影响植被生长发育（Stocker et al., 2018），同时植物能够通过区域水循环直接影响土壤水分动态，但其影响取决于植被的类型、结构、组成。因此，学习和了解不同植被模式对区域生态水文过程的影响是必不可少的。

开展水文实验是研究土壤水分迁移规律的传统方法，然而土壤水分运动非常复杂且受到气候条件、土壤结构、植被覆盖等多重因素影响。因此，以传统水文学方法精准定量阐明和揭示不同植被模式下土壤中水分的来源和运移过程是比较困难的。而稳定同位素技术为精确揭示降水在土壤中的迁移规律及降水对土壤水分的贡献率等提供了有力的技术支撑（徐庆等，2007; Xu et al., 2012; 高德强等，2017b）。前人已经运用氢氧同位素技术对土壤水分进行了一系列的研究。例如：Zhang等（2019a）利用氢稳定同位素技术，研究安徽沿江区3个不同量级降水对不同类型淡水湿地森林土壤水的贡献率大小，结果表明美洲黑杨-池杉-枫香针阔混交林可以通过改变土壤结构从而提高土壤持水能力，使其具有比美洲黑杨纯林有更好的蓄洪防旱能力，为应对长江中下游地区频发的极端降水事件提供了有力防范措施。戴军杰等（2019）运用氢氧同位素技术对长沙地区樟树（*Cinnamomum camphora*）林的丰水期、耗水期、补水期的土壤水稳定同位素特征及土壤水分迁移规律进行了研究，发现土壤水分的入渗过程受降水条件和土壤性质的影响存在一定的时滞，雨前土壤水分逐渐被降水替代。以上研究表明氢氧稳定同位素能够很好地追踪不同气候条件、土壤条件、植被条件下的降水在土壤水分的迁移规律以及降水对土壤水分的补给。

4. 利用氢氧稳定同位素技术研究各水体的转化关系

大气降水作为陆地水循环过程的重要输入端，是地表水以及地下水的主要来源，其氢氧稳定同位素组成主要受地表水水汽的补给及云下二次蒸发效应影响。而土壤水作为物质运输的载体，是连接大气降水、植物水和地下水之间的纽带（徐庆等，2007; 高德强等，2017b），对大气-土壤、植物-大气以及土壤-植物3个界面的物质交换和能量流动起到决定性作用。植物水主要来源于大气降水、土壤水等水体，不同的水分利用格局能够有效反映植物本身的生态策略及潜在的生态学过程。地下水作为一个相对稳定的水库，在维持区域生态平衡以及适应气候变化等方面发挥重要作用。

不同水体之间相互联系、不可分割，且存在一定转化关系，将不同水体作为整体来系统探究生态系统水文过程已经成为当下生态水文学的研究热点（房丽晶等，2020; Zhang et al., 2022）。自然界中的水体在运移过程中由于蒸发和凝结等作用会引起不同程度的同位素分馏，进而导致水体中氢氧同位素富集和贫化，最终使得不同水体有不同的氢氧同位素特征（徐庆，2020）。因此，稳定同位素技术作为天然示踪剂，以其较高的准确度与灵敏度，能够有效地识别和反映不同水体特征，已经成为研究降水-土壤水-植物水-地表水-地下水等不同水体之间转化的重要手段（Xu et al., 2011; Peng et al., 2012; 徐庆，2020）。靳宇蓉等（2015）和赵宾华等（2017）先后通过氢氧同位素技术系统探究黄土高原生态建设对土壤水运动及水体转换特征的影响；王贺等（2016）利用氢氧稳定同位素探究了黄土高原丘陵沟壑区降水、地表水和地下水的转化特征，并发现该地区的水体转化关系主要是以沟道水向井水的单向排泄补给为主；张荷惠子等（2019）则研究发现在黄土丘陵沟壑区不同水体（大气降水、河水和浅层地下水）间有良好的转化关系。

目前基于稳定同位素的水体转化研究主要集中在大气降水、河水和浅层地下水之间转化关系，但仍缺乏对参与水循环过程的多种水体整体分析。水作为生物地球化学循环过程的重要媒介，其参与的生态过程是生态系统中各环节相互作用的综合体现。不同类型森林生态系统中由于气候条件、土壤环境以及植被类型等因素差异，各系统将会呈现出不同的水文功能，而氢氧稳定同位素技术则为定量阐明森林生态系统"五水"转化关系提供了切实可行的途径（石辉等，2003; 高德强等，2017b; 徐庆，2020）。

第二章

研究区概况及研究方法

马尾松是我国亚热带地区生态恢复的先锋树种之一，也是速生丰产用材树种，在我国的森林资源总量中占有十分重要的地位。马尾松因具有耐干旱、耐贫瘠、抗逆性强等特点，被广泛种植于我国亚热带低山丘陵区。马尾松人工林已成为我国亚热带地区分布面积最广、资源量最大的植被类型，在保持水土、提供森林资源和生态服务功能等方面发挥重要作用。马尾松在我国亚热带分布范围较广，西起四川和贵州，东至沿海；南抵湖南、广东、广西及台湾，北达河南及山东南部。一般在长江下游海拔 600～700m 以下，中游约 1200m 以上，上游约 1500m 以下均有分布。马尾松较广的分布范围导致其生境的空间异质性，如气温、降水量、土壤类型差异等。因此，为了探究马尾松人工林水文过程，本研究从我国亚热带地区选择了多个研究区（南亚热带广东肇庆、中亚热带湖南会同、北亚热带湖北秭归）马尾松纯林及其针阔混交林，以排除空间异质性导致研究结果的不确定性，以探究马尾松纯林及其针阔混交林二者的水文过程及其水源涵养能力差异。

第一节 研究区概况

在我国亚热带选择了 3 个马尾松人工林研究区（南亚热带广东肇庆、中亚热带湖南会同、北亚热带湖北秭归），见表 2-1 至表 2-3。在南亚热带广东肇庆研究区（鼎湖山）选择马尾松纯林及马尾松 - 锥栗（*Castanopsis chinensis*）- 木荷针阔混交林；在中亚热带湖南会同研究区选择马尾松纯林和马尾松 - 木荷针阔混交林；在北亚热带湖北秭归研究区选择 5 个不同营林处理的马尾松人工林，即马尾松纯林（无处理或无间伐）、马尾松 - 槲栎（*Quercus aliena*）针阔混交林、除灌马尾松纯林、轻度间伐马尾松纯林（间伐强度为 15%）和重度间伐马尾松纯林（间伐强度为 70%），在各研究区，分别设置研究样地样方。

一、植被特征

1. 南亚热带研究区

南亚热带广东肇庆研究区 2 个典型马尾松人工林（马尾松纯林、马尾松针阔混交林）群落类型及生境概况调查结果如表 2-1 所示。

马尾松纯林：乔木层主要植物为马尾松，平均树高 10m，马尾松林龄为 60～70 年；草本层主要植物为乌毛蕨（*Blechnum orientale*）、芒萁（*Dicranopteris dichotoma*）等；枯枝落叶层厚 0.5～1cm。叶面积指数 3.8。总郁闭度 55%。

马尾松-锥栗-木荷针阔混交林：乔木层主要植物有马尾松、锥栗、木荷等，平均树高 17m，马尾松林龄为 66 年；灌木层主要植物有九节（*Psychotria rubra*）、桃金娘（*Rhodomyrtus tomentosa*）等；草本层主要植物有乌毛蕨、芒萁、黑鲨草（*Gahnia tristis*）等；枯枝落叶层厚 2～4cm。叶面积指数 4.8。总郁闭度 92%。

表 2-1　广东肇庆不同类型马尾松人工林群落类型及生境特征

森林类型	地理位置	林龄（年）	海拔（m）	坡度（°）	坡向	土壤类型	叶面积指数	郁闭度（%）
马尾松纯林	23°9′53″N 112°32′56″E	60～70	200～300	25～30	西南	赤红壤	3.8	55
马尾松-锥栗-木荷针阔混交林	23°10′25″N 112°32′8″E	66	220～300	28～35	西南	赤红壤	4.8	92

2. 中亚热带研究区

中亚热带湖南会同研究区马尾松人工林的群落类型及生境概况如表 2-2 所示。

表 2-2　湖南会同不同类型马尾松人工林群落类型及生境特征

森林类型	地理位置	林龄（年）	海拔（m）	坡度（°）	坡向	土壤类型	叶面积指数	郁闭度（%）
马尾松纯林	26°51′13″N 109°36′25″E	35	556～579	24	东南	红黄壤	1.64	77
马尾松-木荷针阔混交林	26°51′05″N 109°36′07″E	35	530～555	25	东南	红黄壤	2.14	82

马尾松纯林：乔木层主要植物为马尾松，平均树高为 9.31m，平均胸径 10.70cm，马尾松林龄为 35 年；灌木层主要植物有火力楠（*Michelia macclurei*）、杜茎山（*Maesa japonica*）、油茶（*Camellia oleifera*）、杉木、枫香等；草本层主要植物有芒萁、狗脊蕨（*Woodwardia japonica*）、姬蕨（*Hypolepis punctata*）等。枯枝落叶层厚 1.8～3cm。叶面积指数为 1.64。总郁闭度 77%。

马尾松-木荷针阔混交林：乔木层主要植物为马尾松和木荷，平均树高分别为 13.4m 和 12.1m，平均胸径分别为 22.1cm 和 19.32cm，马尾松及木荷林龄为 35 年；灌木层主要植物有油茶、杜茎山、火力楠；草本层主要植物有芒萁、狗脊蕨、姬蕨等。枯枝落叶层厚 2.4～4.1cm。叶面积指数为 2.14。总郁闭度 82%。

3. 北亚热带研究区

北亚热带湖北秭归研究区马尾松人工林为 70 年代飞播造林，我们选择 5 个不同处理的马尾松人工林，包括马尾松纯林（无处理或无间伐）、马尾松-槲栎针阔混交林、除灌马尾松纯林、轻度间伐马尾松纯林（间伐强度为15%）和重度间伐马尾松纯林（间伐强度为70%）。5个林地植物群落特征和生境概况调查结果见表2-3。

表2-3　湖北秭归不同类型马尾松人工林群落类型及生境特征

森林类型	地理位置	林龄（年）	海拔（m）	坡度（°）	坡向	土壤类型	叶面积指数	郁闭度（%）
马尾松纯林（无处理或无间伐）	30°59′20″N 110°47′08″E	50	1225	34	西北	黄棕壤	5.60	73
马尾松纯林（除灌）	30°59′23″N 110°47′07″E	50	1240	35	西北	黄棕壤	5.05	70
马尾松纯林（轻度间伐）	30°59′21″N 110°47′05″E	50	1220	33	西北	黄棕壤	5.60	60
马尾松纯林（重度间伐）	30°59′23″N 110°47′09″E	50	1226	33	西北	黄棕壤	3.69	30
马尾松-檞栎针阔混交林	30°59′25″N 110°47′06″E	50	1206	35	西北	黄棕壤	5.70	75

马尾松纯林（无处理或无间伐）：乔木层优势植物为马尾松，伴生植物有少量光皮桦（*Betula luminifera*）、漆树（*Toxicodendron vernicifluum*）、茅栗（*Castanea seguinii*）、盐肤木（*Rhus chinensis*），马尾松林龄为50年；灌木层主要植物有火棘（*Pyracantha fortuneana*）、胡枝子（*Lespedeza bicolor*）、木姜子（*Litsea pungens*）等；草本层主要植物有狗脊（*Woodwardia japonica*）、三穗薹草（*Carex tristachya*）、三脉紫菀（*Aster ageratoides*）、中日金星蕨（*Parathelypteris nipponica*）等。林地坡度为34°，坡向为西北方向，海拔高度为1225m；月凋落物量为47.09±3.16g/m²。叶面积指数为5.60。总郁闭度为73%。

除灌马尾松林：乔木层主要植物为马尾松，伴生植物有少量光皮桦、漆树、茅栗、盐肤木，马尾松林龄为50年；灌木层主要植物有火棘、胡枝子、木姜子等；草本层主要植物有狗脊、三穗薹草、三脉紫菀、中日金星蕨等。林地坡度为35°，坡向为西北方向，海拔高度为1240m；月凋落物量为34.75±3.40g/m²。叶面积指数为5.05。总郁闭度为70%。

轻度间伐马尾松林：乔木层主要植物为马尾松，伴生植物有少量杉木、漆树、茅栗、盐肤木，马尾松林龄为50年；灌木层主要植物有火棘、胡枝子、木姜子等；草本层主要植物有狗脊、三穗薹草、三脉紫菀、中日金星蕨等。林地坡度为33°，坡向为西北方向，海拔高度为1220m；月凋落物量为39.03±4.14g/m²。叶面积指数为5.60。总郁闭度为60%。

重度间伐马尾松林：乔木层主要植物为马尾松，伴生植物有少量光皮桦、漆树、茅栗、盐肤木，马尾松林龄为50年，灌木层主要植物有火棘、胡枝子、木姜子等；草本层主要植物有狗脊、三穗薹草、三脉紫菀、中日金星蕨等。林地坡度为33°，坡向为西北方向，海拔高度为1226m；月凋落物量为7.57±1.25g/m²。叶面积指数为3.69。总郁闭度为30%。

马尾松-檞栎针阔混交林：乔木层主要植物有马尾松、檞栎等，马尾松林龄为50年；灌木层主要植物有火棘、胡枝子、木姜子等；草本层主要植物有狗脊、三穗薹草、三脉紫菀、中日金星蕨等。林地坡度为35°，坡向为西北方向，海拔高度为1206m；月凋落物量为55.49±4.40g/m²。叶面积指数为5.70。总郁闭度为75%。

二、土壤特征

本研究，我国亚热带马尾松人工林3个研究区土壤结构特征具体如下。

1. 南亚热带研究区

南亚热带广东肇庆马尾松人工林地成土母质主要由不同颜色、硬度与质地的砂页岩、砂岩、页岩与石英砂岩构成，其地带性的自然土壤有赤红壤、黄壤及山地灌丛草甸土，三者呈垂直分布关系。其中，发育于砂岩或砂页岩的赤红壤分布于海拔300m以下的丘陵地带，土层厚60～100cm，具有较强的酸性；黄壤分布在海拔300～980m，土层厚40～90cm；海拔980m以上为山地灌丛草甸土，土层厚20～30cm。该地区土壤形成以脱硅富铝化作用为主。土壤自然含水率高，淋溶和淀积作用强烈，土壤呈酸性至强酸性，属盐基不饱和土壤。由于森林中生物循环旺盛，有机质的分解与合成迅速，因此，该研究区土壤的有机质含量高，有利于土壤矿物元素的形成与富集。研究区地形陡峭，成土母质质地较粗，容易遭受冲刷，土层一般较浅薄，幼年土壤占很大面积。

广东肇庆2个不同类型马尾松人工林土壤物理结构特征概况见表2-4。

表2-4 广东肇庆不同类型马尾松人工林土壤物理结构特征

森林类型	土壤深度（cm）	土壤容重（g/cm³）	最大持水量（mm）	毛管持水量（mm）	田间持水量（mm）	非毛管孔隙度（%）	毛管孔隙度（%）	总孔隙度（%）
马尾松纯林	0～20	0.81	17.86	15.02	300.67	5.68	30.04	35.73
	20～40	0.91	16.31	15.61	255.58	1.41	31.22	32.63
	40～60	0.97	14.79	13.94	227.22	1.70	27.88	29.59
	60～80	0.98	14.33	14.23	228.25	0.21	28.45	28.67
	80～100	1.00	14.33	14.20	230.71	0.27	28.39	28.66
	均值	0.93	15.53	14.60	248.49	1.86	29.20	31.05
马尾松-锥栗-木荷针阔混交林	0～20	1.22	21.11	18.54	254.95	5.14	37.08	42.21
	20～40	1.35	19.05	17.39	205.05	3.32	34.77	38.09
	40～60	1.47	16.28	15.36	171.09	1.84	30.71	32.55
	60～80	1.42	18.58	17.97	206.82	1.22	35.93	37.16
	80～100	1.47	17.13	16.61	174.53	1.04	33.23	34.26
	均值	1.39	18.43	17.17	202.49	2.51	34.34	36.86

马尾松纯林：林中0～20cm、20～40cm、40～60cm、60～80cm和80～100cm的土壤容重逐渐增大，平均值为0.93g/cm³。除土壤容重外，最大持水量和总孔隙度均随土壤深度的增加逐渐下降（除40～60cm外），最大持水量、毛管持水量、田间持水量、非毛管孔隙度、毛管孔隙度及总孔隙度的平均值分别为15.53mm、14.60mm、248.49mm、1.86%、

29.20%和31.05%（表2-4）。

马尾松-锥栗-木荷针阔混交林：林中0～20cm、20～40cm、40～60cm、60～80cm和80～100cm的土壤容重，平均值为1.39g/cm³。除土壤容重外，最大持水量等属性均随土壤深度的增加逐渐下降（除40～60cm外），最大持水量、毛管持水量、田间持水量、非毛管孔隙度、毛管孔隙度和总孔隙度的平均值分别为18.43mm、17.17mm、202.49mm、2.51%、34.34%和36.86%（表2-4）。

2. 中亚热带研究区

中亚热带湖南会同2个不同类型马尾松人工林土壤物理结构特征如表2-5所示。

马尾松纯林：林中土壤主要为黄壤土、粉砂质壤土。随着土壤深度的增加，土壤容重呈增加的趋势（除60～80cm外），0～20cm、20～40cm、40～60cm、60～80cm和80～100cm的土壤容重分别为1.38g/cm³、1.42g/cm³、1.46g/cm³、1.43g/cm³和1.48g/cm³，平均值为1.44g/cm³（表2-5）。

马尾松-木荷针阔混交林：林中土壤主要为黄壤性土、粉砂质壤土。随着土壤深度的增加，土壤容重呈增加的趋势（除80～100cm外），0～20cm的土壤容重最小，为1.27g/cm³；60～80cm的土壤容重最大，为1.51g/cm³，均值为1.44g/cm³（表2-5）。

表2-5　湖南会同不同类型马尾松人工林土壤物理结构特征

森林类型	土壤深度（cm）	土壤容重（g/cm³）	最大持水量（mm）	毛管持水量（mm）	田间持水量（mm）	非毛管孔隙度（%）	毛管孔隙度（%）	总孔隙度（%）
马尾松纯林	0～20	1.38±0.08	96.18±3.67	87.59±0.94	71.51±2.05	4.29±1.37	43.79±0.47	48.09±1.83
	20～40	1.42±0.07	92.88±1.79	86.14±2.36	69.90±1.53	3.36±1.34	43.07±1.18	46.44±0.89
	40～60	1.46±0.04	92.17±1.19	88.12±0.39	73.59±0.43	2.02±0.72	44.06±0.19	46.08±0.59
	60～80	1.43±0.06	95.17±2.30	90.25±2.45	76.92±2.75	2.45±0.08	45.12±1.22	47.58±1.14
	80～100	1.48±0.04	94.33±2.80	90.81±2.55	77.82±2.93	1.76±0.39	45.40±1.27	47.16±1.40
马尾松-木荷针阔混交林	0～20	1.26±0.08	97.05±2.63	90.56±2.69	75.12±1.85	3.24±0.80	45.28±1.34	48.52±1.31
	20～40	1.43±0.03	93.04±1.47	88.56±2.47	72.94±2.14	2.23±0.63	44.28±1.23	46.52±0.73
	40～60	1.49±0.02	91.59±2.17	89.12±1.52	73.34±0.35	1.23±0.32	44.56±0.76	45.79±1.08
	60～80	1.51±0.02	90.82±1.42	88.84±0.95	72±1.69	0.98±0.23	44.42±0.47	45.41±0.70
	80～100	1.48±0.04	92.71±1.74	91.40±1.97	73.76±1.85	0.65±0.22	45.70±0.98	46.35±0.86

3. 北亚热带研究区

湖北秭归研究区马尾松人工林土壤主要为黄壤、黄棕壤。不同类型马尾松人工林的土壤物理结构特征如表2-6所示。

马尾松纯林（无处理或无间伐）：林中0～20cm、20～40cm、40～60cm、60～80cm和80～100cm深处的土壤容重分别为1.24g/cm³、1.30g/cm³、1.30g/cm³、1.31g/cm³和1.39g/cm³，平均值为1.31g/cm³；总孔隙度分别为56.98%、53.52%、51.60%、50.48%和45.03%，平均值为51.52%；田间持水量分别为24.41mm、22.36mm、22.37mm、21.86mm和19.53mm，平均值为22.09mm。

除灌马尾松林：林中 0～20cm、20～40cm、40～60cm、60～80cm 和 80～100cm 深处土壤容重随土壤深度增加逐渐增加，平均值为 1.33g/cm³；总孔隙度和田间持水量随土壤深度增加逐渐降低，平均值分别为 50.56% 和 21.99mm。除 60～80cm 的土壤容重低于对照马尾松林地外，除灌马尾松林土壤性质与对照林地均无显著差异。

表 2-6　湖北秭归不同类型马尾松人工林土壤物理结构特征

森林类型	土壤深度（cm）	土壤容重（g/cm³）	最大持水量（mm）	毛管持水量（mm）	田间持水量（mm）	非毛管孔隙度（%）	毛管孔隙度（%）	总孔隙度（%）
马尾松纯林（无处理）	0～20	1.24	28.49	26.26	24.41	4.47	52.51	56.98
	20～40	1.30	26.76	24.38	22.26	4.75	48.77	53.52
	40～60	1.30	25.80	24.59	22.37	2.42	49.19	51.60
	60～80	1.31	25.24	24.03	21.86	2.42	48.06	50.48
	80～100	1.39	22.52	21.53	19.53	1.97	43.07	45.03
马尾松纯林（除灌）	0～20	1.24	29.96	28.35	27.06	3.23	56.69	59.93
	20～40	1.31	25.98	26.34	23.51	1.27	50.69	51.96
	40～60	1.27	23.08	20.93	18.18	4.30	41.86	46.16
	60～80	1.39	24.23	23.24	20.88	1.97	46.49	48.46
	80～100	1.45	23.16	22.49	20.32	1.33	44.98	46.31
马尾松纯林（轻度间伐）	0～20	1.23	29.72	27.35	25.35	4.73	54.70	59.43
	20～40	1.29	27.82	25.39	22.85	4.87	50.77	55.64
	40～60	1.23	25.36	23.53	20.79	3.67	47.06	50.72
	60～80	1.33	26.43	23.90	21.43	5.07	47.79	52.86
	80～100	1.41	23.48	22.66	20.43	1.63	45.33	49.96
马尾松纯林（重度间伐）	0～20	1.41	23.02	21.40	19.48	3.23	42.80	46.03
	20～40	1.48	22.05	20.47	18.47	3.17	40.94	44.11
	40～60	1.60	19.34	18.90	16.64	0.87	37.81	38.68
	60～80	1.67	18.62	18.09	16.06	1.07	36.18	37.25
	80～100	1.66	19.03	18.13	16.39	1.80	36.25	38.05
马尾松-槲栎针阔混交林	0～20	1.13	34.66	32.11	30.16	4.34	55.64	59.98
	20～40	1.22	33.02	31.85	29.66	4.11	52.30	56.41
	40～60	1.25	33.64	31.58	29.30	2.61	52.16	54.77
	60～80	1.25	30.23	28.69	26.21	1.77	51.68	53.45
	80～100	1.35	29.65	27.63	25.77	1.90	46.38	48.28

轻度间伐马尾松林：林中 0～20cm、20～40cm、40～60cm、60～80cm 和 80～100cm 深处土壤容重随土壤深度逐渐增加，变化范围为 1.23～1.41g/cm³，平均值为 1.30g/cm³；总孔隙度随土壤深度增加逐渐降低，变化范围为 46.96%～59.43%，平均值为 53.12%；田间持水量随土壤深度逐渐降低，变化范围为 20.43～25.35mm，平均值分别为 22.17mm。

轻度间伐马尾松林土壤结构特征与对照马尾松林地（无处理）土壤结构特征无显著差异。

重度间伐马尾松林：林中0~20cm、20~40cm、40~60cm、60~80cm和80~100cm深处土壤容重变化范围为1.41~1.67g/cm³，平均值为1.56g/cm³；总孔隙度变化范围为37.25%~46.03%，平均值为40.82%；田间持水量变化范围为16.06~19.48mm，平均值分别为17.41mm。重度间伐马尾松林总孔隙度和田间持水量显著低于对照林地，而容重高于无处理马尾松林地。

马尾松-槲栎针阔混交林：林中0~20cm、20~40cm、40~60cm、60~80cm和80~100cm深处的土壤容重分别为1.13g/cm³、1.22g/cm³、1.25g/cm³、1.25g/cm³和1.35g/cm³，平均值为1.24g/cm³；总孔隙度分别为59.98%、56.41%、54.77%、53.45%和48.28%，平均值为54.58%；田间持水量分别为30.16mm、29.66mm、29.30mm、26.21mm和25.77mm，平均值为28.22mm。

第二节　研究方法

一、植物群落结构调查

在我国亚热带马尾松人工林3个研究区随机设3个研究样地，每个样地内随机设3个研究样方（20m×20m）内，记录各样方中乔木层、灌木层、草本层植物种类、数量、植株高度及乔灌木的冠幅、胸径等。使用180°鱼眼镜头（HMV1v8, Delta-T Devices Ltd, Cambridge, UK）在每个样地的中心点和四个角处进行林冠半球拍摄，中心高度为1.5m，将拍摄的林冠照片载入Gap Light Analyzer软件，根据转换模型得到各样地的林冠开敞度（CO, %）和叶面积指数（LAI）。

二、土壤结构调查

采用环刀法分别测定各研究区样地样方土壤物理性质。具体方法如下：在各样方内各挖3个典型的土壤垂直剖面（0~100cm），在土壤剖面的垂直方向上从表层往下，每间隔20cm用100cm³环刀取样。取样时保持环刀内的土壤结构不被破坏，削平环刀表面土壤后，立即盖上盖子并用胶带密封好带回实验室。根据《森林土壤水分-物理性质的测定》标准测定土壤的物理性质，主要测定以下指标：土壤容重（BD）、土壤毛管持水量（CC）、最大持水量（MC）、田间持水量（FC）、非毛管孔隙度（NP）、毛管孔隙度（CP）、总孔隙度（TP）。

三、气象因子观测

3个研究区的气象数据分别由广东鼎湖山森林生态系统国家野外科学观测研究站、湖南会同森林生态系统国家野外科学观测研究站和湖北秭归长江三峡库区森林生态系统定位观测研究站提供（样地内实测降水量、气温、湿度等），环境温度、相对湿度、地表温度、海平面气压、大气压、水汽压、露点温度、风向、风速均为生态站气象观测场每小时观测一次的实测值整理计算的日均值，降水量、蒸发量、光有效辐射为日总量。野外植物、土壤采样期间，还同时定期观测与记录各样地水文特征（穿透水量、土壤含水量等）。

四、降水事件选择及同位素样品采集和测定

按照小雨（5mm＜降水量≤10mm）、中雨（10mm＜降水量≤25mm）、大雨（降水量＞25mm）的标准，从各研究区（南、中、北亚热带研究区）发生的降水事件中选择3个不同量级降水事件。在每次降水事件发生后5～11天内（降水后无雨，直至有另一场降水发生），分别采集地表径流、浅层地下水、各层土壤及优势植物茎等，具体采样方法如下。

大气降水：在各研究区样地附近50～100m处（无林空旷地）随机放置2个标准雨量筒（直径20cm圆桶上放置漏斗，下端与集水瓶连接，漏斗内放置乒乓球，防止雨水蒸发），每天分别于7：00～8：00和19：00～20：00收集各雨量筒里的大气降水样品，将各研究区当天所有收集到的降水样品混合，装入采样瓶，并迅速用Parafilm封口膜密封瓶口。

土壤：在各研究区每个样地内样方中，用土钻法分别采集各层（0～20cm、20～40cm、40～60cm、60～80cm和80～100cm）土壤样品，放入采样瓶，并迅速用封口膜密封。雨前采集对照样品，雨后每天采样1次。

植物茎（木质部）：在各研究区每个样地样方中，每种植物选择3棵有代表性的健康植株作为重复，分别用高枝剪采集马尾松等优势植物茎，用修枝剪剪取适量的枝条段并将枝条段的表皮和韧皮部去掉，保留木质部放入采样瓶，并迅速用封口膜密封。雨前采集对照样品，降水后每天采样1次。主要采集如下优势植物。

南亚热带：马尾松、锥栗、木荷、九节和乌毛蕨。

中亚热带：马尾松、木荷。

北亚热带：马尾松、槲栎。

林冠穿透水：在3个样地各样方中，分别放置3个直径为30cm的自制雨量筒，用于测定林内穿透雨量，从自制雨量筒中采集林冠穿透水。

浅层地下水：在各研究区水井或泉水（浅层地下水）采集，每月采集3次（即约每隔10天采集1次，晴天时采集）样品。

地表水（包括溪水）：在各研究区采集地表水，每次降水事件后若产生地表径流则采集地表水，或者在样地附近溪流水出口处采集溪水（每个月采样3次，即每隔10天采集1次），采样时间与大气降水采集时间一致。

同位素样品的保存：将本研究所有采集到的水样品、植物茎（木质部）、土壤样品均在野外立即装入相应的采样瓶中，并迅速用parafilm封口膜密封以防止水分蒸发，并置于装有冰袋的保温箱低温（-5～0℃）保存；带回实验室后，将所有样品置于冰柜（-16℃以下）低温保存。

同位素样品预处理及测定：野外采集到的所有样品的氢氧同位素测定均在清华大学

地球系统科学系稳定同位素实验室进行。首先采用真空蒸发冷凝法提取土壤水、植物茎（木质部）水等固体样品中的水分。利用 MAT 253 同位素比率质谱仪（Isotope Ratio Mass Spectrometer）和 Flash2000HT 元素分析仪（Thermo Fisher Scientific, Inc., Waltham, USA）测定本研究中各水体的 δD 和 $\delta^{18}O$ 值。

五、凋落物生物量及持水性测定

凋落物的取样采用"梅花形"方法，即分别在 3 个研究区（南亚热带广东肇庆、中亚热带湖南会同、北亚热带湖北秭归）马尾松人工林各样地样方的 4 个角及中心位置，各设置 1m×1m 小样方，将每个小样方内全部凋落物收集装袋并将其带回生态站实验室测定与分析。为了更好地了解林中凋落物特性与不同类型马尾松人工林水文过程的关系，本研究将凋落物分为未分解层和半分解层，并分别计算其凋落物的储量和持水特性（持水量、持水率和吸水速率）。以上凋落物特性指标的具体实验和计算方法如下：将每个样地每个样方的凋落物置于烘箱（80℃）下烘干至恒重，然后计算各样地的凋落物干重。凋落物持水性的测定采用室内浸泡法，即取各样地的烘干混合凋落物样品约 10g 装入尼龙网袋，将其浸入水中 0.25h、0.5h、1h、2h、4h、6h、8h、10h、16h 和 24h 后，捞起并静置至凋落物不滴水时称量。每个样品取 3 次重复。未分解层和半分解层中的凋落物持水量、凋落物持水率和凋落物吸水速率的计算公式为：

$$HC = (WW - DDW) \times 10 \tag{2.1}$$

$$HR = \left(\frac{HC}{DW}\right) \times 100 \tag{2.2}$$

$$AR = HC/H \tag{2.3}$$

式中：HC—凋落物持水量（t/hm²）；WW—凋落物湿重（kg/m²）；DW—凋落物烘干重（kg/m²）；HR—凋落物持水率（%）；AR—凋落物吸水速率 [g/(kg·h)]；H—吸水时间（h）。

六、根系分布调查

在各试验区每个样地样方中分别选择有代表性的、健康的、生长良好的优势植物 3 棵，在每棵植株树干的基部位置（三个方向，120°；距离植株树干 0.5～1m 处），各挖一个土壤剖面，分 5 层（0～20cm、20～40cm、40～60cm、60～80cm、80～100cm）分别挖取该植物的根系。每层选取相同的位置的 30cm 长×30cm 宽×20cm 高内的土体。每层土体分别进行破碎过筛，分别选出该种植物的根系。然后用游标卡尺测量根系直径，按粗根（＞5mm）、中根（2mm＜中根≤5mm）、细根（≤2mm）进行分级。用电子天平称量每层各级根系鲜重后，带回实验室烘干，计算各层不同等级根系干重。

七、土壤含水量测定

在各研究区各样地样方中采集土壤同位素样品的同时，分别用铝盒采集 0～20cm、20～40cm、40～60cm、60～80cm 和 80～100cm 的土壤样品，迅速用胶带密封铝盒防止土壤水分流失。将所有的样品带回实验室，并对每一个样品进行称重得到各层位土壤的鲜重。然后放入 105℃烘箱烘干至恒重，计算各层土壤的含水量。

八、叶片水势测定

用 WP4C 露点水势仪对马尾松纯林和马尾松混交林中马尾松等优势植物的叶片水势进行测定。每个样地每种植物选择 3 棵具有代表性的健康植株进行测定，每株选 1～3 个枝条剪下立即进行测定。在 12:00～14:00 测定中午水势（Ψ_{md}）。

九、光合生理指标测定

在各研究区植物同位素样品采样期间（生长季），选择晴朗无风的天气用 LI-6400（Li-cor, Inc., USA）便携式光合测定系统和 LI-3000（LICOR, Inc, Lincoln, NE, USA）叶面积仪分别测定马尾松纯林和马尾松混交林中优势植物（如马尾松、锥栗、木荷、槲栎等）的光合生理指标。本研究中主要测定了纯林和混交林中马尾松等优势植物的光合生理参数，如净光合速率 [P_n, μmol/(m²·s)]、蒸腾速率 [T_r, mmol/(m²·s)]、气孔导度 [G_s, mmol/(m²·s)]。每个样地每种植物选择 3 棵具有代表性的健康植株进行测定。

十、数据处理与分析

HYSPLIT 模拟：采用美国国家海洋大气管理局开发的拉格朗日积分轨迹模型（Hybrid Single particle Lagrangian Integrated Trajectory Model，http://ready.arl.noaa.gov/HYSPLIT.php）对大气降水气团传输途径和过程进行模拟。分别模拟湖南会同研究区上空 1500m、3000m 和 5500m 3 个高度层（广东肇庆和湖北秭归 500m、1000m、1500m 3 个高度层）水汽的后向运动轨迹，追踪时长为 168h。

降水对各层土壤水的贡献率计算：首先确定各林中土壤水分的来源。土壤水分来源通过比较分析林中各层土壤水 δD（或 $\delta^{18}O$）与其潜在水源 δD（或 $\delta^{18}O$）组成来判定。如果林中各层土壤水的来源为两种水源时，即土壤水 δD 值介于两种水源 δD 之间，可以用二元线性混合模型计算每一种来源所占比例。降水对林中各层土壤水的贡献率（$CRSW$）的计算公式为：

$$\delta D_{SW} = f_R \times \delta D_R + f_{SG} \times \delta D_{SG} \tag{2.4}$$

$$f_R + f_{SG} = 1 \tag{2.5}$$

$$CRSW = \frac{\delta D_{SW} - \delta D_{SG}}{\delta D_R - \delta D_{SG}} \times 100\% \qquad (2.6)$$

式中：f—土壤水中每种水源所占比例；R—降水；SG—浅层地下水；SW—土壤水。

MixSIAR 模型：通过使用 R 中的贝叶斯混合模型 MixSIAR（3.1.7version）来计算各树种的水分利用率（Wang et al., 2020；Zhang et al., 2020a）。MixSIAR 估算了植物从每个水源吸收利用的比例。

数据分析：采用 Excel 2003 和 SPSS 18.0 软件对数据进行处理。采用独立样本 t 检验对夏季风和冬季风期间的大气降水 δD（$\delta^{18}O$）值和过量氘（d）值进行比较分析（$\alpha=0.05$）；采用一元线性回归拟合大气降水线；用 Pearson 对大气降水 δD（$\delta^{18}O$）值以及过量氘与环境因子进行相关分析。通过单因素方差分析和多重比较对不同类型马尾松人工林在 5 层土壤深度和 3 个降雨事件之间的 CRSW 进行差异性分析。同样的方法用来比较这几种人工林土壤物理性质、冠层开敞度、凋落物特征和根系生物量的差异。通过回归分析确定影响不同降水事件中 CRSW 的主要因素：首先通过对土壤物理特征的主成分分析，结果表明第一主成分（PC1）的解释比例占总变异的 78% 以上；而对凋落物特征进行的主成分分析结果表明，第一主成分（PC1）的解释能力可以占总变异的 90% 以上，最后将两个主成分分析的 PC1（分别代表土壤物理性质和凋落物特征）、冠层开敞度和根系生物量作为解释变量揭示对 CRSW 的驱动作用。用线性回归方法绘制了研究区大气降水线以及降水、地下水、溪水、土壤水和马尾松等植物茎（木质部）水中 δD 与 $\delta^{18}O$ 之间的关系。采用单因素方差分析和 Tukey 多重比较相结合的方法，筛选不同类型人工林间影响水分利用格局的生物因子和非生物因子。通过回归分析，探索生物和非生物因素对马尾松等优势植物水分利用比例影响因素。分析在 R 软件完成（Team, 2018）。

第三章

大气降水氢氧同位素特征及水汽来源

大气降水是水循环过程的一个重要环节，研究大气降水可更好地了解生态系统水循环过程和机制。而降水中的氢氧稳定同位素（$^2H/^1H$ 和 $^{18}O/^{16}O$）作为一种蒸发冷凝过程的强大水文示踪剂，与气候和环境变化密切相关，其在水文、气象和古气候等研究中均得到了广泛应用（Yang et al., 2018）。大气降水中氢氧稳定同位素组成及分布往往与水汽来源及水分输送关系密切，不同时空条件下大气降水的同位素组成也会存在有规律的变化，因此，诸多学者往往借助降水氢氧稳定同位素组成变化来探究水汽来源及生态系统的水循环过程等问题。

为研究全球水循环，国际原子能机构（IAEA）与世界气象组织（WMO）合作，在世界上不同地区组建了全球降水同位素网络（GNIP）。Craig（1961）通过对全球降水同位素网络中氢氧稳定同位素组成进行线性回归分析，得到了 δD 与 $\delta^{18}O$ 之间的线性关系（$\delta D=8\delta^{18}O+10$），称为全球大气降水线（GMWL）。而同位素分馏作用的存在会导致大气降水中氢氧稳定同位素组成的时空分异，进而导致全球大气降水线与局地大气降水线（LMWL）之间存在偏差。因此，对局部区域降水氢氧稳定同位素组成进行分析时，须绘制区域大气降水线来分析氢氧稳定同位素组成及成因。以往研究表明，大气降水中氢氧同位素组成更易受降水水汽来源等区域环境背景、局地气象因素（包括降水量、温度、湿度和风速等降水过程中的各种气象因素）（Gastmans et al., 2017）和地形地貌（Sánchez-Murillo and Birkel, 2016）等地理因素的影响。通常，降水中氢氧稳定同位素值与温度之间存在正相关关系，即随着温度的升高会导致更强烈的蒸发，雨滴将积累较重的同位素（Dansgaard, 1964）。降水中的氢氧同位素值与降水量呈负相关，因为重同位素会随着降水过程不断贫化。此外，在大空间尺度上还存在纬度效应、大陆效应和海拔效应等（Li et al., 2017）。综上所述，影响大气降水氢氧同位素的因素错综复杂，大气降水氢氧同位素组成极易受到局地小气候的影响，由于水文数据的不断变化，大气降水氢氧同位素的月均监测数据及过去的监测数据已无法精准反映降水同位素对局地小气候尺度的响应。

亚热带季风气候分布于 25°～35°N 区域，是热带海洋气团和极地大陆气团交替控制的地带，以我国东南部最为典型。前人对我国亚热带季风气候区大部分区域大气降水氢氧同位素特征进行了研究（徐庆等, 2006a; 2006b; Wu et al., 2015; 隋明浈等, 2020），但由于区域地理环境和时间的差异，大气降水氢氧同位素组成和特征表现不同，其大气降水线差异较大。因此，本研究收集中国亚热带大气降水样品，分析该地区大气降水氢氧同位素组成的时间变化特征，结合环境因子和 HYSPLIT 模型讨论局地环境因子和水汽来源与降水同位素组成的关系。

第一节 大气降水 δD 和 $\delta^{18}O$、日降水量随采样时间的动态变化

一、南亚热带研究区

根据南亚热带广东肇庆（鼎湖山）2013 年 7 月至 2014 年 8 月 14 个月 120 个大气降水样品的 δD（$\delta^{18}O$）的实测值可以看出，其 δD 变化范围为 -118.26‰ ~ 15.52‰，其 $\delta^{18}O$ 变化范围为 -16.05‰ ~ 2.25‰，均值分别为 -36.35‰ 和 -5.81‰（图 3-1）。由图 3-1 可看出，广东肇庆（鼎湖山）大气降水 δD（$\delta^{18}O$）值呈现出较为明显的季节变化，在干季，降水中 δD（$\delta^{18}O$）均值为 -25.89‰（-4.84‰），均值偏大；在湿季，降水中 δD（$\delta^{18}O$）均值为 -40.483‰（-6.194‰），均值偏小。

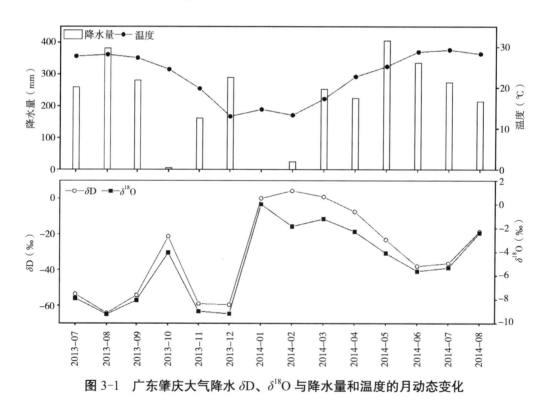

图 3-1 广东肇庆大气降水 δD、$\delta^{18}O$ 与降水量和温度的月动态变化

二、中亚热带研究区

在中亚热带湖南会同地区，降水在春、夏分布较多（分别为 390.90mm、558.35mm），秋、冬较少（分别为 217.70mm、104.20mm）（图 3-2）。该区气温呈现明显的季节变化特

征，夏高冬低。雨热同期，属典型的亚热带季风气候。冬夏干湿差异较小，年均空气相对湿度较大，为91%。

根据湖南会同2017年5月至2019年8月28个月149个大气降水样品的δD（$\delta^{18}O$）的实测值可以看出，其δD值变化范围为-123.44‰～3.28‰，其$\delta^{18}O$值变化范围为-17.56‰～0.14‰，均值分别为-37.22‰和-6.35‰，位于我国大气降水的δD（$\delta^{18}O$）分布范围之内（δD：-271‰～10‰，$\delta^{18}O$：-33.51‰～1.5‰）。

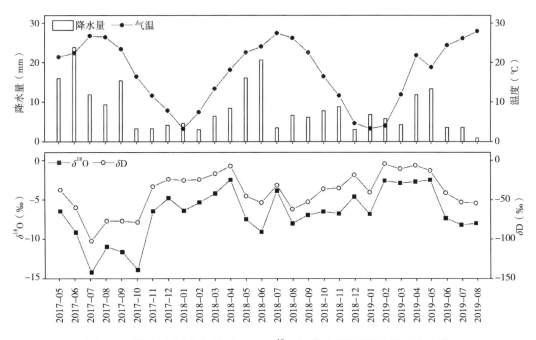

图3-2 湖南会同大气降水δD、$\delta^{18}O$与降水量和温度月动态变化

三、北亚热带研究区

根据北亚热带湖北秭归（三峡库区秭归段）2016年9月至2019年8月气象资料可知（图3-3），该地区这个时间段总降水量为2484.9mm，其中湿季（5～10月）降水量为1734.3mm，约占全年降水总量的70%，干季（11月至翌年4月）降水量为757.5mm。气温变化同降水量变化趋势一致，表现为夏季高温多雨、冬季寒冷干燥的气候特征。

湖北秭归大气降水δD的变化范围为-137.34‰～-3.66‰，均值为-51.81‰，其$\delta^{18}O$的变化范围为-18.38‰～-2.90‰，均值为-8.44‰（图3-4，表3-1）。可见，该湖北秭归大气降水δD（$\delta^{18}O$）变化范围均介于全球与中国大气降水氢氧同位素变化范围内，均值低于全球及中国大气降水氢氧同位素均值。

湿季大气降水的δD和$\delta^{18}O$变化范围分别为-137.34‰～-3.66‰和-18.38‰～3.24‰，均值分别为-64.90‰和-9.74‰；干季大气降水的δD和$\delta^{18}O$变化范围分别为-131.95‰～4.10‰和-18.17‰～-2.90‰，均值分别为-30.61‰和-6.33‰（表3-1）。由此可知，湖北秭归（三峡库区秭归段）干季大气降水δD和$\delta^{18}O$富集，而湿季大气降水δD和$\delta^{18}O$贫化。

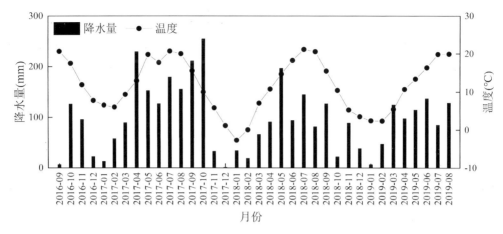

图 3-3　湖北秭归降水量和温度月动态变化

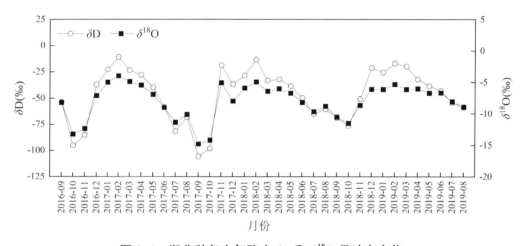

图 3-4　湖北秭归大气降水 δD 和 $\delta^{18}O$ 月动态变化

表 3-1　湖北秭归大气降水氢氧同位素及环境因子季节变化特征

季节	δD 平均值（‰）	$\delta^{18}O$ 平均值（‰）	d-excess 平均值（‰）	年平均降水量（mm）	年平均温度（℃）
干季	-30.61	-6.33	20.06	387.49	5.9
湿季	-64.90	-9.74	13.05	783.12	17.2
全年	-51.81	-8.44	15.72	1170.61	11.4

第二节　大气降水 δD 和 $\delta^{18}O$ 特征

在 $\delta D \sim \delta^{18}O$ 关系图中，用来表示降水的 δD 和 $\delta^{18}O$ 线性关系变化的直线，称为降水线（MWL）。除全球降水线（GMWL）外，不同地区都有反映区域降水特点的降水线，我们通常称为地区大气降水线（LMWL）。由于各地区水汽来源和环境因子等因素的差异，导致地区大气降水线（LMWL）不同程度偏离全球降水线（GMWL）。

一、南亚热带研究区

根据南亚热带广东肇庆（鼎湖山）2013年7月至2014年8月14个月大气降水δD（$\delta^{18}O$）实测值，将大气降水δD对$\delta^{18}O$进行一元线性回归分析，得出该地区大气降水δD和$\delta^{18}O$的关系式为$\delta D=7.875\delta^{18}O+9.412$（$R^2=0.982$，$n=120$）。干季大气降水$\delta D$和$\delta^{18}O$的关系式为$\delta D=7.920\delta^{18}O+12.457$（$R^2=0.986$，$n=34$）；与全球大气降水线相比，其斜率偏小，截距偏大。湿季大气降水δD和$\delta^{18}O$的关系式为$\delta D=7.701\delta^{18}O+7.216$（$R^2=0.984$，$n=86$）；与全球大气降水线相比，其斜率和截距均偏小（图3-5）。

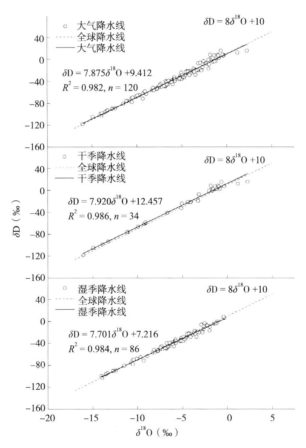

图3-5　广东肇庆大气降水δD和$\delta^{18}O$的关系

二、中亚热带研究区

根据中亚热带湖南会同2017年5月至2019年8月28个月大气降水氢氧同位素实测值，得出该区全年大气降水线方程为$\delta D=(7.45\pm0.17)\delta^{18}O+(10.10\pm1.25)$（$R^2=0.93$，$p<0.01$，

$n=149$)(图 3-6)。该方程斜率比全球大气降水线($\delta D=8\delta^{18}O+10$)斜率和中国大气降水线($\delta D=7.9\delta^{18}O+8.2$)斜率偏低。分别对夏季风期间和冬季风期间的降水 δD 和 $\delta^{18}O$ 值的关系进行分析发现,冬季风期间大气降水线斜率比夏季风期间偏低,且冬季风期间 δD 和 $\delta^{18}O$ 值集中分布于降水线右上区域,表现出明显不同水汽来源的特征。

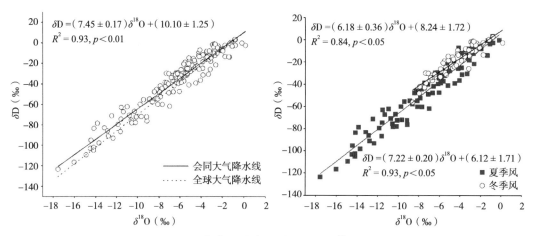

图 3-6 湖南会同大气降水 δD 和 $\delta^{18}O$ 的关系

三、北亚热带研究区

根据北亚热带湖北秭归 3 个水文年大气降水 δD($\delta^{18}O$)实测值,采用最小二乘法拟合该地区大气降水 $\delta D \sim \delta^{18}O$ 的关系式为 $\delta D=(8.52\pm0.12)\delta^{18}O+(20.11\pm1.14)$($R^2=0.96$, $p<0.01$, $n=186$)(图 3-7)。

湖北秭归干季大气降水 $\delta D \sim \delta^{18}O$ 关系式为 $\delta D=(8.43\pm0.34)\delta^{18}O+(22.76\pm2.29)$($R^2=0.90$, $p<0.01$, $n=71$);湿季大气降水 $\delta D \sim \delta^{18}O$ 关系式为 $\delta D=(8.09\pm0.11)\delta^{18}O+(13.95\pm0.19)$($R^2=0.98$, $p<0.01$, $n=115$);湿季大气降水线的斜率和截距均小于干季(图 3-7)。

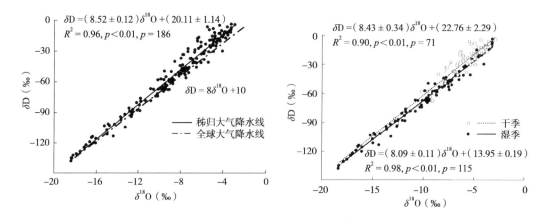

图 3-7 湖北秭归大气降水 δD 和 $\delta^{18}O$ 的关系

第三节　大气降水过量氘季节变化

降水过程中随着蒸发作用的影响,在降水 δD 与 $δ^{18}O$ 的关系中会出现一个差值(d),Dansgaard(1964)将大气降水中 $δD$、$δ^{18}O$ 的差值(d)定义为过量氘($d=δD-8δ^{18}O$),全球范围 d 的均值为 10‰。

一、南亚热带研究区

在南亚热带广东肇庆地区,在干季,大气降水过量氘(d)均值为 12.84‰,大于全球平均 d 值(10‰);在湿季,大气降水过量氘(d)均值为 9.07‰,小于全球平均 d 值(10‰)(图 3-8)。

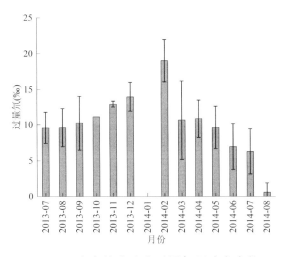

图 3-8　广东肇庆降水过量氘月动态变化

二、中亚热带研究区

在中亚热带湖南会同地区,降水中过量氘(d)月均值变化范围为 -5.83‰ ~ 32.46‰,均值为 13.58‰,大于全球 d 平均值(图 3-9)。其中夏季风期间过量氘值较低,月均值变化范围为 -5.83‰ ~ 32.46‰,均值为 12.01‰;冬季风期间过量氘值较大,月均值变化范围为 -3.70‰ ~ 28.87‰,均值为 16.19‰。

三、北亚热带研究区

在北亚热带湖北秭归地区,大气降水过量氘(d)变化范围为 1.52‰ ~ 37.76‰,均值为15.72‰，明显高于全球平均过量氘（d）值（10‰）。研究区过量氘（d）季节变化显著，干季过量氘（d）均值为20.06‰，湿季过量氘均值为13.05‰，湿季过量氘值明显低于干季（图3-10）。降水过量氘（d）的这种季节变化是季风区气候的特点之一。

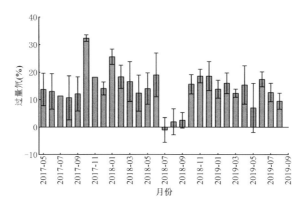

图3-9　湖南会同降水过量氘月动态变化

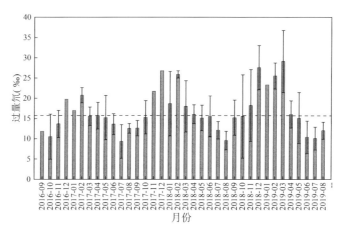

图3-10　湖北秭归大气降水过量氘月动态变化

第四节　大气降水 δD 和 δ^{18}O 与环境因子的关系

一、南亚热带研究区

从图3-11可看出，将南亚热带广东肇庆研究区大气降水 δD 与温度（T）进行线性回归分析，降水 δD ~ T 线性关系式为 δD= -1.777T+2.974（R^2= - 0.104, n=120, p < 0.01）；将图3-6中降水 δ^{18}O 与温度（T）进行线性回归分析，降水 δ^{18}O ~ T 线性关系式为 δ^{18}O= -0.181T -1.817（R^2= -0.065, n=120, p < 0.01）。可见，广东肇庆地区大气降水氢氧同位素组成与温度存在显著负相关关系。

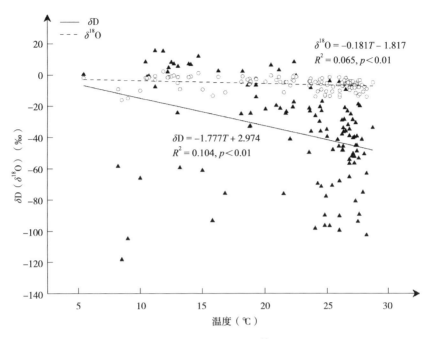

图 3-11　广东肇庆降水 δD 和 δ^{18}O 的温度效应

从图 3-12 可看出，将大气降水 δD 与降水量（P）进行线性回归分析，降水 δD-P 线性关系式为 δD = -0.354P -27.774（R^2=0.099，n=120，p < 0.01）；将降水 δ^{18}O 与降水量（P）进行线性回归分析，降水 δ^{18}O ～ P 线性关系式为 δ^{18}O= -0.046P-4.698（R^2=0.105，n=120，p < 0.01）。可见，广东肇庆地区存在极显著的降水量效应。

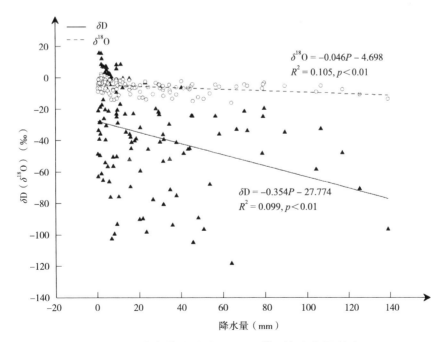

图 3-12　广东肇庆降水 δD 和 δ^{18}O 的降水量效应

二、中亚热带研究区

分别对中亚热带湖南会同地区大气降水氢氧同位素组成与环境因子进行相关性分析（表3-2）。全年尺度上，会同地区大气降水氢氧同位素与环境因子表现出不同规律，$\delta^{18}O$ 受到露点温度、水汽压、地表温度、降水量、相对湿度影响，且均呈现出负相关关系；δD 除与以上环境因子相关外，还受到大气压、海平面气压、温度的影响。但会同降水氢氧同位素（δD、$\delta^{18}O$）值均与降水量存在负相关关系，即随着降水量的增大，大气降水氢氧同位素（δD、$\delta^{18}O$）值逐渐减少，表现出降水量效应；δD 值与温度表现出显著负相关关系，$\delta^{18}O$ 与空气相对湿度表现出负相关关系。

季节尺度上，湖南会同大气降水氢氧同位素（δD、$\delta^{18}O$）在冬季风期间（11月至翌年4月）更易受到环境因子的影响，表现出相关关系。11月至翌年4月，会同降水氢氧同位素值均与露点温度、水汽压、地表温度、光有效辐射、蒸发量、环境温度呈显著正相关关系，表现出温度效应，与大气压、海平面气压呈显著负相关关系；夏季风期间（5~10月），只有 $\delta^{18}O$ 与空气相对湿度表现出负相关关系。

表3-2　湖南会同大气降水氢氧同位素与环境因子的相关性

		Ws	Wd	Td	Wp	Vp	Sp	Tg	PAR	E	p	T	RH
δD	全年	0.144	0.126	-0.38**	0.413**	0.183*	0.22*	0.384**	-0.157	-0.052	0.232**	0.293**	0.093
	冬季风	0.091	0.131	0.388**	0.411**	0.457**	0.456**	0.431**	0.337*	0.444**	0.075	0.447**	0.200
	夏季风	0.170	0.019	-0.201	-0.215	-0.075	-0.044	-0.199	-0.067	-0.020	-0.186	-0.122	0.157
$\delta^{18}O$	全年	0.104	0.07	-0.26**	0.292**	0.067	0.099	0.256**	-0.038	0.07	0.216*	-0.166	0.182*
	冬季风	0.037	0.124	0.466**	0.479**	0.481**	0.493**	0.501**	0.442**	0.552**	0.071	0.529**	0.259
	夏季风	0.123	0.022	-0.119	-0.132	-0.162	-0.136	-0.096	0.027	0.124	-0.183	-0.023	0.246*

注：Ws 为风速（m/s）；Wd 为风向；Td 为露点温度（℃）；Wp 为水汽压（hPa）；Vp 为大气压（hPa）；Sp 为海平面气压（hPa）；Tg 为地表温度（℃）；PAR 为光有效辐射（MJ/m²）；E 为蒸发量（mm/d）；p 为降水量（mm）；T 为环境温度（℃）；RH 为相对湿度（%）。$*p<0.05; **p<0.01; ***p<0.001$。

三、北亚热带研究区

将北亚热带湖北秭归地区大气降水中 δD（$\delta^{18}O$）分别与降水量（P）建立线性回归方程，得到 $\delta D \sim P$ 的关系为 $\delta D=(-0.88\pm0.24)P+(-38.41\pm4.47)$（$R^2=0.05$, $P<0.01$, $n=186$）；$\delta^{18}O \sim P$ 的关系为 $\delta^{18}O=(-0.09\pm0.02)P+(-7.04\pm0.52)$（$R^2=0.04$, $P<0.05$, $n=186$）。由表3-3可知，在年尺度上，湖北秭归大气降水 δD（$\delta^{18}O$）与降水量（P）呈显著负相关关系，表现出降水量效应；在季节尺度上，湿季降水量效应显著，但干季降水量效应不显著。

表 3-3　湖北秭归大气降水 δD（$\delta^{18}O$）与降水量和温度相关性统计

项目	δD			$\delta^{18}O$		
	干季	湿季	全年	干季	湿季	全年
降水量	−0.076	−0.289**	−0.251**	0.002	−0.293**	−0.229**
温度	0.058	0.143	−0.424**	0.175	−0.120	−0.348**

注：* 为通过 0.05 显著性检验，** 为通过 0.01 显著性检验。

将湖北秭归大气降水中 δD（$\delta^{18}O$）分别与温度（T）建立线性回归方程，得到 $\delta D \sim T$ 的关系为 $\delta D=(-1.80\pm0.28)T+(-24.23\pm4.87)$（$R^2=0.18, p<0.01, n=186$）；$\delta^{18}O \sim T$ 的关系为 $\delta^{18}O=(-0.17\pm0.03)T+(-5.84\pm0.58)$（$R^2=0.12, p<0.01, n=186$）。由表 3-3 可知，在年尺度上，湖北秭归大气降水 δD（$\delta^{18}O$）与温度（T）呈显著负相关关系，表现出反温度效应；湿季和干季 δD（$\delta^{18}O$）与温度相关性不显著。

第五节　降水水汽来源轨迹模拟

一、南亚热带研究区

为了进一步验证氢氧稳定同位素指示南亚热带广东肇庆研究区大气降水水汽来源结果的可靠性，本研究选择广东肇庆 2013 年 7 月至 2014 年 8 月 14 个月中 8 次典型降水事件（即湿季和干季各 4 个不同降水事件），利用 HYSPLIT 模型进行气团轨迹模型模拟，垂直方向上选取 500m、1000m、1500m 这 3 个高度作为模拟的初始高度，模拟其向后追踪 7 天的气团运动轨迹。在湿季，广东肇庆地区水汽主要来自太平洋的东南季风及印度洋的西南季风，在干季，其水汽主要来源于局地蒸发、我国华北地区及寒冷干燥的亚欧大陆。后向轨迹模拟的结果与大气降水氢氧同位素组成的分析结果基本上相符合（高德强等，2017a）。

二、中亚热带研究区

为了进一步验证中亚热带湖南会同大气降水氢氧同位素表征的水汽来源的可靠性，本研究运用 HYSPLIT 模型分别模拟了湖南会同 1～12 月典型降水事件降水发生前 7 天的气团轨迹。湖南会同 5～10 月水汽主要来源于南海和西太平洋在夏季风和季风后三种不同气压下的远距离海洋水汽，而 11 月至翌年 4 月的水汽主要来自远距离的西风气团、热带海洋气团和季风前期的内陆水汽（隋明浈等，2020）。

三、北亚热带研究区

为进一步探究北亚热带湖北秭归大气降水水汽来源，选取该地区 3 个水文年内共 6 场典型降水事件（干季和湿季各选择 3 场不同量级降水事件），利用 HYSPLIT 水气团轨迹模型对降水气团的运移路径进行模拟。HYSPLIT 模拟结果显示，湿季大气降水气团主要来自于西太平洋、印度洋及我国南海，干季大气降水气团主要来自于亚欧大陆内部及局地的水汽蒸发（王婷等，2020）。

第六节 中国亚热带大气降水氢氧稳定同位素特征及其影响因子

一、大气降水氢氧稳定同位素分布特征

从中国亚热带地区大气降水 δD、$\delta^{18}O$ 的空间分布图可以看出，受区域环境因子的影响，中国亚热带地区大气降水 δD、$\delta^{18}O$ 存在显著的空间变异（图 3-13）。具体来讲，大气降水 δD 和 $\delta^{18}O$ 贫化区（δD: -111.19‰ ～ -28.36‰；$\delta^{18}O$: -15.32‰ ～ -5.44‰）主要分布

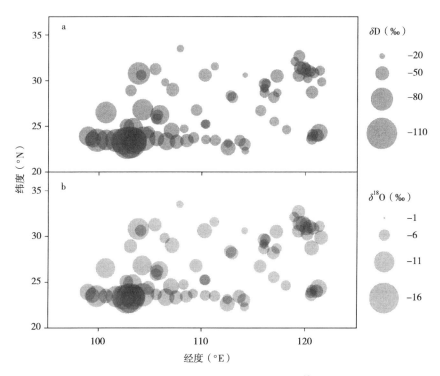

图 3-13 中国亚热带地区大气降水 δD（a）和 $\delta^{18}O$（b）分布格局

在我国亚热带西部地区，如四川省东北部、云南省及贵州省西部，而中部及东部地区 δD 和 $\delta^{18}O$ 富集程度较高（δD: -62.46‰ ~ -19.80‰；$\delta^{18}O$: -9.15‰ ~ -3.74‰）。总体来看，中国亚热带地区大气降水 δD 的范围在 -111.19‰ ~ -19.80‰，$\delta^{18}O$ 的范围为 -15.32‰ ~ -3.74‰。

二、大气降水过量氘分布特征

中国亚热带地区大气降水过量氘（d）的分布特征与氢氧稳定同位素（δD、$\delta^{18}O$）分布特征相似，也存在显著的空间变异（图3-14）。降水过量氘较高的地区（> 16‰）主要分布在亚热带东部，包括浙江省北部、江苏省南部，在区域中部和西部也有零星分布，如湖北秭归、重庆羊口洞和云南普者黑等。降水过量氘较低的地区（< 5‰）分布在我国亚热带西南部区域，如云南镇康、广西上林及来宾等。除此之外，其他地区降水过量氘值大部分位于全球过量氘值（10‰）附近。整体来讲，中国亚热带地区降水过量氘范围为 -11.27‰ ~ 26.55‰。

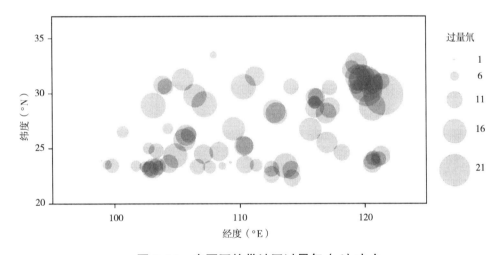

图 3-14　中国亚热带地区过量氘（d）大小

三、大气降水氢氧稳定同位素分布的影响因素

根据大气降水 δD 与地理因素之间的相关关系可知，大气降水 δD 与经度（$R=0.61$，$p<0.001$）和纬度（$R=0.44$，$p<0.001$）均呈现显著的正相关关系（图3-15a、b），而与海拔高度（$R=-0.60$，$p<0.001$）呈显著负相关（图3-15c）。在环境因子中，大气降水 δD 与年平均降水量（$R=0.31$，$p<0.01$）呈显著正相关关系（图3-15d），而与年平均温度无相关性（图3-15e）。类似地，大气降水 $\delta^{18}O$ 与经度（$R=0.51$，$p<0.001$）、纬度（$R=0.34$，$p<0.01$）及年平均降水量（$R=0.30$，$p<0.01$）呈显著正相关（图3-15f、g、i），而与海拔（$R=-0.57$，$p<0.001$）呈显著的负相关关系（图3-15h），与年平均温度无显著相关关系（图3-15j）。此外，在中国亚热带地区，经度每增加1°，大气降水中 δD、$\delta^{18}O$ 相应富集 1.73‰、0.17‰；纬度每增加1°，大气降水中 δD 和 $\delta^{18}O$ 相应富集 2.65‰ 和 0.25‰；海拔每增加100m，大

气降水中 δD、$\delta^{18}O$ 相应贫化 1.80‰、0.21‰；年平均降水量每增加 100mm，大气降水中 δD 和 $\delta^{18}O$ 相应富集 1.43‰ 和 0.17‰。综上，经度、纬度、海拔高度及年平均降水量均有可能影响大气降水氢氧稳定同位素值。

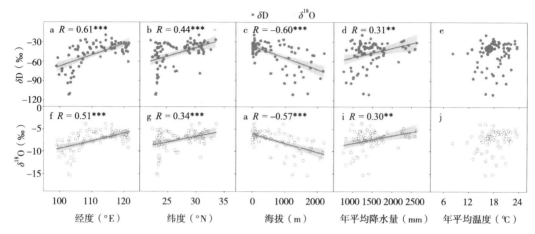

图 3-15　中国亚热带地区大气降水氢氧稳定同位素值与经纬度、海拔高度、年平均降水量及年平均温度的关系

为了探究影响大气降水 δD 和 $\delta^{18}O$ 的主要因子，本研究基于多元线性回归模型解析地理及环境因子对大气降水 δD 和 $\delta^{18}O$ 的相对重要性。结果显示，模型对大气降水 δD、$\delta^{18}O$ 的解释率分别为 52% 和 43%（图 3-16）。所有因素中，纬度和年平均降水量是影响大气降水氢氧稳定同位素值的主导因素（图 3-16）。

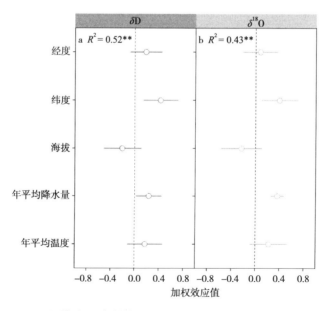

图 3-16　经纬度、海拔高度、年平均降水量及年平均温度对大气降水氢氧稳定同位素组成的影响

第四章
土壤水氢氧同位素特征

在全球气候变化背景下，水循环过程对气候变化的响应成为生态学家关注的热点问题（Sherwood and Fu, 2014; Zhang et al., 2022）。土壤水是土壤-植物-大气系统（SPAC）中的一个关键的生态水文变量，了解土壤水分-植物之间的相互作用是生态水文研究的核心（Zhang et al., 2019; 2020b）。一方面，土壤水分亏缺引起的水分胁迫可以直接影响植被生长发育（Green et al., 2019; Stocker et al., 2018）；另一方面，植被（特别是植被的类型和结构）亦可通过参与水循环过程来影响区域土壤水的格局和动态（Wang et al., 2019; Zhang et al., 2020b）。因此，研究不同植被类型对土壤水分的影响是生态水文学研究的关键（Wang et al., 2019），尤其是在我国亚热带人工林面积迅速增长的背景下。

与人工纯林相比，混交林被认为是维持土壤肥力和提高生物多样性的有效途径（Reverchon et al., 2015）。例如：研究表明混交林可以通过生态位互补和复杂的林分结构来促进碳固存（Reverchon et al., 2015）。然而，目前尚不清楚混交林是否对土壤持水能力和区域生态水文过程有积极影响（Gong et al., 2020）。例如：Gu 等（2019）研究发现，与人工纯林相比，尼泊尔桤木（*Alnus nepalensis*）和西藏柏木（*Cupressus torulosa*）混交林具有较高的土壤有机碳和土壤水分；而 Gao 等（2018）研究发现，刺槐（*Robinia pseudoacacia*）和沙棘（*Hippophae rhamnoides*）混交林虽然具有较高的固碳能力，但对深层土壤水的消耗更为显著。此外，混交林土壤水分与植物多样性的关系尚不清楚。一方面，混交林可通过生态位分化来减少对有限土壤水分的竞争，提高抗旱能力。例如，De Deurwaerder 等（2018）研究发现，共存植物根系分布的变化可以减少对有限水的竞争。Madoni 等（2001）发现，橡树（*Quercus palustris*）可增加浅层土壤的含水量，从而促进松树的生长。然而，当混交林中共存物种在生态功能上相似（即占据相似的生态位），生态位重叠可能会增加对水的竞争，导致严重缺水。有研究表明，混合种植增加了樟子松（*Pinus sylvestris*）和沙棘的水分竞争（Tang et al., 2018）。此外，与乔木树种相比，草本植物通过植株地上部分截留及其根系吸水亦是消耗土壤水分的有力竞争者（Wu et al., 2020b）。总体而言，目前尚不清楚混交林是否能缓解区域水分胁迫和增强抗旱能力。

土壤水作为一个长期物理过程的结果，由多种因素决定（Wu et al., 2020a）。植被结构、土壤性质、气候条件和人类土地管理方式等均可影响土壤水分模式（Montenegro and Ragab, 2012）。少数研究者初步研究了不同植被类型下土壤水分变化的潜在机制，结果表明，土壤水分变化的主要影响因素随着植被类型的不同而有所不同。已有研究表明，土壤水力性质以及土壤物理特性（即土壤质地、土壤容重、土壤孔隙度）可能是驱动这种差异的重要变量（Kühnhammer et al., 2020）。例如：Zhang 等（2019a）研究表明混交林可以改变土壤性质，进而改变土壤的持水能力。此外，也有研究认为植物属性（如林冠层大小、凋落物特性、根系特性等）的差异是主要的驱动因素。如林冠截留和冠层开敞度的变化可能导致纯林和混交林之间土壤水分的差异（Allen et al., 2017）；分枝结构（如分枝的角度和密度）可能会影响土壤水分模式，具有密集、刚性和陡峭倾斜分枝的树种能够将更多的降水转移到树干形成树干茎流（Levia and Germer, 2015）。此外，根系生物量如何直接影响土壤水分仍有争议。生态学家最近试图构建一个合适的模型，将土壤水与乔木生物量、草本植物生物量、根系生物量和凋落物生物量联系起来（Zhang et al., 2019）。然而，目前生物量与土壤水的关系仍不确定（Kühnhammer et al., 2020）。总之，这些生物和非生物因素如何驱动不同类型人工林土壤水分的变化，需要进一步研究。

马尾松是中国特有乡土树种，是我国亚热带生态恢复与重建的先锋树种。同时，马尾松也是优良用材树种，在我国的森林资源总量中占有举足轻重的地位（Zhang et al., 2020c）。然而，我国 60% 的马尾松林为纯林，单一的树种组成已经导致许多地方的马尾松人工林暴发病虫害。同时，针叶林树种的同质性也会增加火灾的风险。因此，利用近自然育林技术体系，将马尾松人工纯林逐步转变为复层的针阔混交林，是马尾松人工林下一步的经营方向。以前的研究表明，混交林比纯林具有更强的耐受力。但目前尚不清楚在不同量级降水影响下，混交林和纯林的土壤水分是否存在差异以及哪种马尾松的林分类型土壤具有较好的持水能力。为此，本研究运用氢稳定同位素技术，分析不同量级降水对我国亚热带典型地区马尾松纯林和马尾松针阔混交林土壤水的贡献率。同时，本研究还测定了可能影响土壤水分变化的生物与非生物因素，以揭示不同林分类型马尾松人工林对降水变化的响应机制。本研究目标为：①不同林分类型马尾松人工林（纯林和针阔混交林）中，降水对土壤水的贡献率是否存在差异？②哪些因素会影响降水对土壤水的贡献率？

第一节　土壤水 δD 随采样时间的动态变化

一、南亚热带研究区

在不同量级降水事件期间，广东肇庆研究区马尾松纯林各层土壤水 δD 随采样天数的动态变化见图 4-1。从图 4-1 可以看出，在 3 次不同量级降水后 5 天内，林中土壤水 δD 值均介于降水 δD 值与浅层地下水 δD 值之间，可见，该研究区土壤水主要来源于大气降水和浅层地下水。

降水 5.4mm（小雨）后 5 天内，枯枝落叶层和表层（0～10cm）土壤水的 δD 值随采样天数的增加表现为逐渐降低的趋势，变化范围分别为 -39.4‰～-33.3‰、-40.3‰～-35.4‰，10cm 以下土层的土壤水 δD 对降水 δD 的响应不明显，即土壤水 δD 值几乎不变，表明 5.4mm 降水在马尾松纯林中没有渗透到 10cm 以下土层（图 4-1a）。降水 20.0mm（中雨）后5天内，枯枝落叶层和0～100cm深处土壤水的δD值随采样天数的增加不断升高，表明降水渗透到0～100cm土层（图4-1b）。降水45.8mm（大雨）后，枯枝落叶层和0～80cm深处土壤水的δD值均随采样天数的增加而升高，80～100cm深处土壤水δD值在降水后3天内迅速升高，第4～5天其土壤水δD值基本稳定。降水后第1天，枯枝落叶层及各层土壤水δD值较雨前土壤水δD有明显减小，表明降水当天已渗透到100cm深处土壤（图4-1c）。

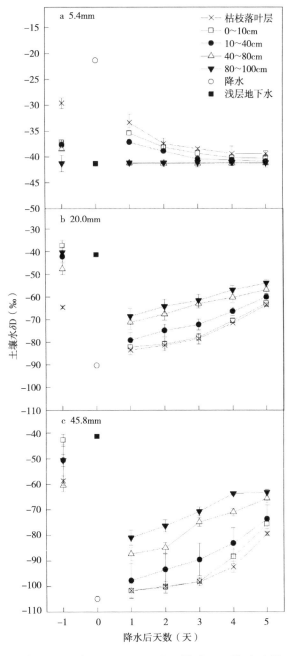

图4-1 不同降水条件下广东肇庆马尾松林土壤水δD值随采样天数的动态变化

在 3 次不同量级降水事件期间，广东肇庆试验区针阔混交林各层土壤水 δD 随采样天数动态变化见图 4-2。从图 4-2 可以看出，在 3 次不同量级降水后 5 天内，枯枝落叶层水 δD 与降水 δD 值变化趋势一致，林中土壤水 δD 值均介于大气降水 δD 值与浅层地下水 δD 值之间，表明该研究区马尾松针阔混交林土壤水主要来源于大气降水和浅层地下水。

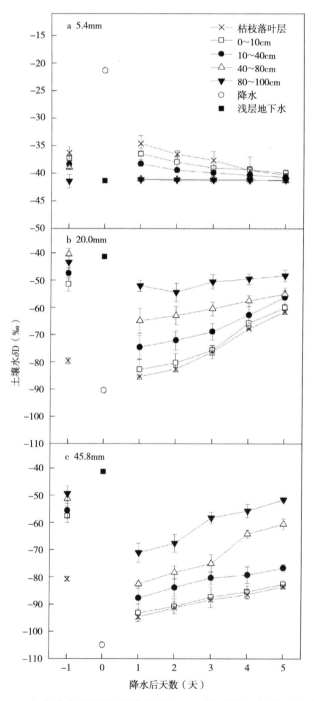

图 4-2　广东肇庆针阔混交林土壤水 δD 随采样天数的动态变化

二、中亚热带研究区

不同量级降水事件后,湖南会同研究区马尾松林土壤水的 δD 值均介于降水 δD 和浅层地下水 δD 值之间,表明该林地土壤水主要来源于降水和浅层地下水(图4-3)。在不同量级降水下,马尾松纯林和马尾松-木荷混交林中土壤水的 δD 值均低于木荷纯林的,更接近降水的 δD 值。此外,在 15.3mm 降水事件期间,随着土壤深度的增加,土壤水的 δD 值逐渐富集。降水 15.3mm 后,土壤水 δD 值变异系数(CV)最大。

在 8.7mm 降水后的 9 天内,马尾松纯林和马尾松-木荷混交林中各层土壤水的 δD 值无显著性差异,但均显著低于木荷纯林中各层土壤水的 δD 值(除 60~80cm)。在 15.3mm 降水后的 11 天内,马尾松-木荷混交林 0~80cm 土壤水的 δD 值均显著低于马尾松纯林和木荷纯林。马尾松纯林和马尾松-木荷混交林 80~100cm 层土壤水 δD 值无显著差异,但均低于木荷纯林的 80~100cm 层土壤水 δD 值。在 36.9mm 降水后的 11 天内,各土层中

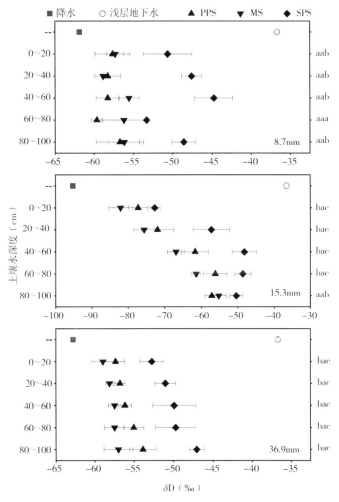

图 4-3 湖南会同不同降水事件后各人工林降水、浅层地下水、土壤水的 δD 值

注:PPS 为马尾松纯林;MS 为马尾松-木荷混交林;SPS 为木荷纯林。

土壤水 δD 值均表现为马尾松－木荷混交林低于马尾松纯林和木荷纯林。36.9mm 降水后混交林中土壤水 δD 变异系数（CV）最小，表明在 36.9mm 降水后 11 天内马尾松－木荷混交林表现出较好的土壤持水能力。

三、北亚热带研究区

3 个不同量级降水事件后的 7～9 天内，4 个不同营林处理措施（不间伐、除灌、轻度间伐、重度间伐）下马尾松人工林土壤水 δD 值在大气降水 δD 和浅层地下水 δD 值之间，表明湖北秭归马尾松人工林的土壤水主要来源于大气降水和浅层地下水。降水量越大，马尾松林土壤水 δD 对降水 δD 响应越明显，降水后土壤水 δD 值接近于雨前对照值（图 4-4）。降水 8.9mm（小雨）后第 1 天，对照、除灌和轻度间伐马尾松林 0～40cm 土壤水 δD 值较雨前对照林地土壤水 δD 值显著降低（图 4-4a、b、c，$p < 0.05$），然后逐渐回到雨前水平，40～100cm 深层土壤水 δD 值保持稳定，表明 8.9mm 降水能入渗到 0～40cm 土层；重度间伐马尾松林 0～60cm 土壤水 δD 较雨前对照土壤水 δD 值显著降低（图 4-4d，$p < 0.05$），

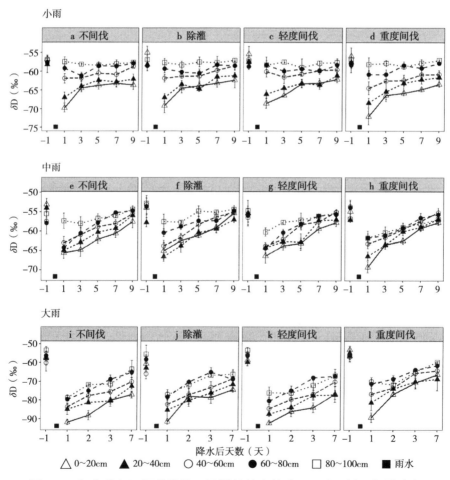

图 4-4　湖北秭归不同营林处理马尾松林土壤水 δD 随采样天数的变化

表明 8.9mm 降水能入渗到重度间伐马尾松林 0～60cm 土层。降水 13.3mm（中雨）后第 1 天，4 个林地 0～100cm 土壤水 δD 较雨前对照土壤水 δD 值均有不同程度降低（图 4-4e、f、g、h，$p < 0.05$），表明该次降水能入渗到 100cm 深处的土层。雨后 9 天内，4 个林地土壤水 δD 值均随采样天数的增加逐渐升高，且逐渐接近雨前对照土壤水 δD 值。相比之下，降水 67.7mm（大雨）后，4 个林地在雨后第 1 天土壤水 δD 显著降低（图 4-4i、j、k、l，$p < 0.05$），雨后 7 天内，4 个林地各层土壤水 δD 值随采样天数增加而逐渐升高，但仍未恢复到雨前对照土壤水 δD 值。

第二节　不同量级降水对各层土壤水的贡献率

一、南亚热带研究区

从图 4-5 可以看出，广东肇庆研究区马尾松纯林在 3 次不同降水条件下，降水对各层次土壤水的贡献率随着采样天数和土壤深度的增加逐渐降低。降水 5.4mm（小雨）后，该次降水对 0～10cm 表层土壤水贡献率最大，为 0～13.9%；对 10～100cm 深处土壤水贡献率为 0（图 4-5a）。

降水 20mm（中雨）后，该次降水对 0～10cm 表层土壤水贡献率最大（43.0%～83.1%）；对 10～40cm 深处土壤水贡献率次之（29.2%～74.0%）；对 40～80cm 深处土壤水贡献率较小（32.9%～61.9%）；对 80～100cm 深层土壤水的贡献率最小（25.7%～55.5%）（图 4-5b）。

降水 45.8mm（大雨）后，降水对 0～10cm 表层土壤水和 80～100cm 深层土壤水的贡献率分别为 45.5%～94.4% 和 34.4%～62.3%（图 4-5c）。

从图 4-6 可以看出，在 3 次不同量级降水条件下，降水对广东肇庆研究区马尾松针阔混交林各层次土壤水的贡献率随着采样天数增加逐渐降低。

降水 5.4mm（小雨）后第 1 天，该次降水对 0～10cm 表层土壤水贡献率为 11.1%，对 10～40cm 深处土壤水贡献率为 3.9%，对 40～100cm 深处土壤水贡献率为 0；雨后第 3 天，该次降水对各层土壤水贡献率皆为 0（图 4-6a）。降水 20mm（中雨）后，该次降水对 0～10cm 表层土壤水贡献率最大（29.6%～82.7%），对 10～40cm 深处土壤水贡献率次之（31.7%～68.7%），对 40～80cm 深处土壤水贡献率较小（24.9%～46.2%），对 80～100cm 深层土壤水的贡献率最小（14.3%～26.9%）（图 4-6b）。降水 45.8mm（大雨）后，降水对 0～10cm 表层和 80～100cm 深层土壤水的贡献率分别为 55.0%～76.4% 和 16.1%～46.7%（图 4-6c）。

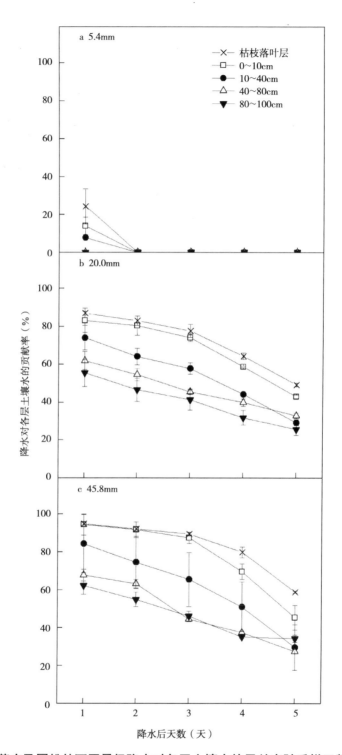

图 4-5 广东肇庆马尾松林不同量级降水对各层土壤水的贡献率随采样天数的动态变化

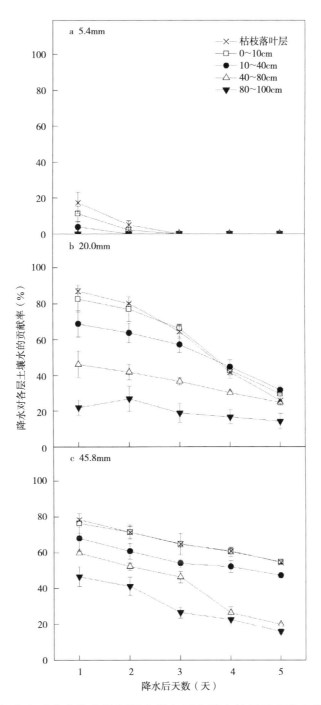

图 4-6　不同量级降水对广东肇庆针阔混交林各层土壤水的贡献率随采样天数的动态变化

二、中亚热带研究区

不同量级降水对湖南会同 3 种不同类型人工林各层土壤水的贡献率（CRSW）存在显著差异（图 4-7）。在 8.7mm（小雨）降水事件后，降水对各层土壤水的贡献率的动态变化规律相似，即马尾松纯林和马尾松-木荷混交林中降水对土壤水的贡献率无显著差异但明显高于木荷纯林。在15.3mm（中雨）和36.9mm（大雨）降水事件发生之后，3种类型人工林中每一层的CRSW差异显著（$p < 0.05$），CRSW表现为马尾松-木荷混交林＞马尾松纯林＞木荷纯林，但15.3mm（中雨）降水事件后80～100cm土层的CRSW无显著差异。

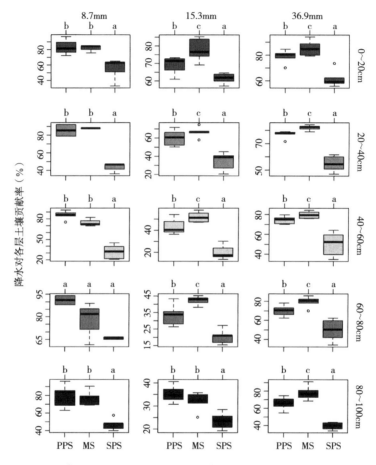

图4-7　湖南会同不同量级降水对不同类型人工林各层土壤水的贡献率

三、北亚热带研究区

小雨后9天内，降水对湖北秭归4个不同营林处理的马尾松人工林表层土壤水（0～40cm）（图4-8a、b）和深层土壤水（60～100cm）（图4-8d、e）贡献率无显著差异（$p > 0.05$）；重度间伐马尾松林中的降水对40～60cm土壤贡献率显著高于其他3个营林处理马尾松林（$p < 0.05$）（图4-8c）。中雨后9天内，除80～100cm土壤外（图4-8j），降水对各林地各层土壤水贡献率均无显著差异（$p > 0.05$）（图4-8f、g、h、i）。而大雨后7天内，降水对各层土壤水贡献率（CRSW），重度间伐马尾松林地显著低于对照马尾松林和轻度间伐马尾松林（$p < 0.05$），对照与轻度间伐、除灌马尾松林无显著差异（$p > 0.05$）（图

4-8k、l、m、n、o)。降水对马尾松人工林各层土壤水的贡献率顺序为轻度间伐＞对照＞除灌＞重度间伐。

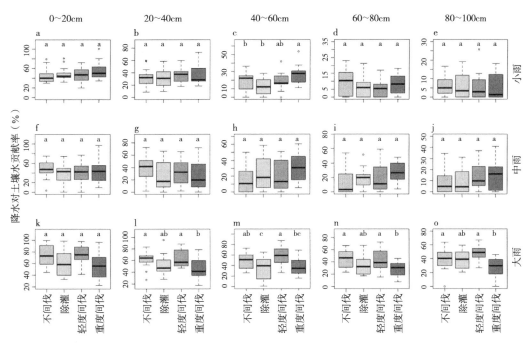

图 4-8 降水对湖北秭归不同营林处理马尾松人工林土壤水的贡献率

第三节 影响降水对各层土壤水贡献率的主要因素

一、南亚热带研究区

3 次不同降水事件后,广东肇庆研究区马尾松针叶林土壤水 δD、降水对各层土壤水的贡献率多因素方差分析结果如表 4-1 所示。从表 4-1 可以看出,降水事件即降水量大小是影响土壤水 δD、降水对各层土壤水的贡献率的主要因素($p < 0.01$)。

表 4-1 广东肇庆马尾松针叶林中土壤水 δD、降水对各层土壤水贡献率与降水事件、土壤层次和降水后天数的关系

因素	df	土壤水 δD(‰)			降水对各层土壤水贡献率(%)		
		SSE	F	p	SSE	F	p
降水事件	2	77817.34	4780.06	＜0.01	163415.6	2441.16	＜0.01
土壤层次	4	4662.00	143.19	＜0.01	19506.62	145.70	＜0.01

（续）

因素	df	土壤水 δD（‰）			降水对各层土壤水贡献率（%）		
		SSE	F	p	SSE	F	p
降水后天数	4	4485.02	137.75	< 0.01	22694.41	169.51	< 0.01
降水事件 × 土壤层次	8	4345.40	66.73	< 0.01	8422.21	31.45	< 0.01
降水事件 × 降水后天数	8	3398.03	52.18	< 0.01	7555.57	28.22	< 0.01
土壤层次 × 降水后天数	16	280.81	2.16	< 0.01	1457.26	2.72	< 0.01
降水事件 × 土壤层次 × 降水后天数	32	261.49	1.00	0.47	1846.08	1.72	0.02

3次不同降水事件（即不同量级降水）后5天内，广东肇庆研究区马尾松针阔混交林土壤水 δD、降水对各层土壤水的贡献率多因素方差分析结果如表4-2所示。从表4-2可以看出，降水事件（降水量大小）是影响土壤水 δD、降水对各层土壤水的贡献率的主要因子（$p < 0.01$）。

表4-2 广东肇庆马尾松针阔混交林中土壤水 δD、降水对各层土壤水贡献率与降水事件、土壤层次和降水后天数的关系

因素	df	土壤水 δD（‰）			降水对各层土壤水贡献率（%）		
		SSE	F	p	SSE	F	p
降水事件	2	57774.39	4165.08	< 0.01	108497.5	2973.03	< 0.01
土壤层次	4	8093.20	291.73	< 0.01	23165.72	317.39	< 0.01
降水后天数	4	2716.57	97.92	< 0.01	15941.21	218.41	< 0.01
降水事件 × 土壤层次	8	6107.59	110.08	< 0.01	9969.91	68.30	< 0.01
降水事件 × 降水后天数	8	2120.97	38.23	< 0.01	5647.82	38.69	< 0.01
土壤层次 × 降水后天数	16	68.92	0.62	0.86	1598.52	5.48	< 0.01
降水事件 × 土壤层次 × 降水后天数	32	959.94	4.33	< 0.01	3902.94	6.68	> 0.01

二、中亚热带研究区

回归分析结果显示，影响不同量级降水对湖南会同土壤水贡献率的因素不同（图4-9）。36.9mm降水后11天内，凋落物特性与降水对土壤水贡献率呈正相关（$p < 0.05$），根系生物量、冠层开敞度和土壤物理特征与降水对土壤水贡献率无显著相关性。15.3mm降水后11天内，降水对土壤水贡献率与凋落物特征和根系生物量呈正相关（$p < 0.05$）。土壤物理

性质和冠层开敞度与降水对土壤水贡献率无显著相关性。8.7mm 降水后 9 天内，降水对土壤水贡献率与冠层开敞度呈正相关（$p < 0.05$），与根系生物量呈负相关（$p < 0.05$）。此外，凋落物特性的主成分分析结果表明，凋落物半分解层的凋落物生物量和凋落物饱和持水率对主成分分析的贡献最大（图 4-10）（Sui et al., 2021）。

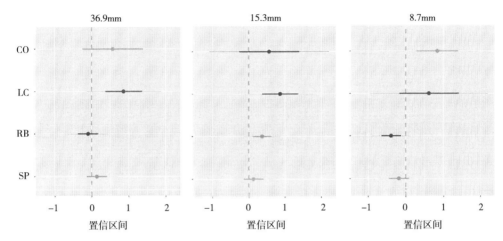

图 4-9　湖南会同研究区降水对土壤水贡献率的影响因子分析

注：SP 为土壤物理性质；LC 为凋落物特性；CO 为林冠开敞度；RB 为根系生物量。

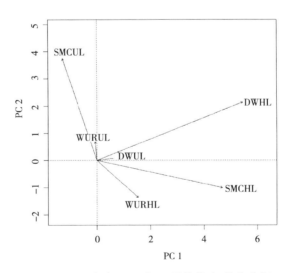

图 4-10　湖南会同研究区凋落物主成分分析

注：SMCUL、WURUL、DWUL、DWHL、WURHL、SMCHL 分别代表凋落物未分解层饱和持水率、凋落物未分解层最大吸水速率、凋落物未分解层生物量、凋落物半分解层生物量、凋落物半分解层最大吸水速率、凋落物半分解层饱和持水率。

为了进一步探讨影响降水对该研究区土壤水贡献率的主要因素，同时对马尾松纯林、马尾松-木荷混交林、木荷纯林中林冠开敞度、凋落物特性（凋落物半分解层饱和持水率、凋落物半分解层最大吸水速率、凋落物半分解层生物量、凋落物未分解层饱和持水率、凋落物未分解层最大吸水速率、凋落物未分解层生物量)、各土层的土壤物理性质(土壤容重、土壤毛管持水量、田间最大持水量、田间持水量、非毛管孔隙度、毛管孔隙度、总孔隙度)和根系生物量进行了差异性分析。结果表明,马尾松纯林、马尾松－木荷针阔混交林、木荷纯林中的凋落物特征、林冠开敞度存在显著差异(表4-3)。在林冠开敞度、凋落物半分解层饱和持水率、凋落物半分解层最大吸水速率、凋落物半分解层生物量、凋落物未分解层饱和持水率、凋落物未分解层最大吸水速率、凋落物未分解层生物量7个影响因素中,林冠开敞度表现为木荷纯林<马尾松－木荷混交林<马尾松纯林($p < 0.05$);凋落物半分解层饱和持水率、凋落物半分解层最大吸水速率、凋落物半分解层生物量表现出相同的趋势:木荷纯林<马尾松纯林<马尾松－木荷混交林($p < 0.05$),而凋落物未分解层饱和持水率、凋落物未分解层最大吸水速率、凋落物未分解层生物量无显著差异。此外,5个层次(0～20cm、20～40cm、40～60cm、60～80cm、80～100cm)的土壤物理性质在不同类型人工林之间无显著差异。同时,0～20cm(马尾松纯林<马尾松－木荷混交林<木荷纯林,$p < 0.05$)和20～40cm(马尾松纯林=马尾松－木荷混交林<木荷纯林,$p < 0.05$)的根系生物量差异显著,而其他土层根系生物量无显著差异(Sui et al., 2021)。

表4-3 湖南会同不同类型人工林凋落物特性和冠层开敞度

森林类型	DWUL (g/m²)	DWHL (g/m²)	SMCUL (%)	SMCHL (%)	WURUL [g/(kg·h)]	WURHL [g/(kg·h)]	CO (%)
马尾松纯林	36.3±7.4a	69.2±26.0b	324.4±21.9a	357.3±8.7b	89.4±7.4a	95.6±10.4b	22.9±4.8c
马尾松－木荷针阔混交林	42.0±8.9a	116.9±14.1c	342.2±31.9a	383.0±23.6c	94.0±19.5a	96.5±2.4c	17.8±3.2b
木荷纯林	35.2±10.1a	63.3±20.9a	364.1±44.2a	334.8±28.1a	96.3±9.6a	78.1±8.5a	15.2±1.7a

注:DWUL为凋落物未分解层生物量;DWHL为凋落物半分解层生物量;SMCUL为凋落物未分解层饱和持水率;SMCHL为凋落物半分解层饱和持水率;WURUL为凋落物未分解层最大吸水速率;WURHL为凋落物半分解层最大吸水速率;CO为冠层开敞度。不同字母代表差异显著($p < 0.05$)。

三、北亚热带研究区

在降水后第1天和第7天,降水对湖北秭归4个不同营林处理的马尾松人工林土壤水贡献率(CRSW)与土壤性质和植被生物量相关性显著($p < 0.05$)(图4-11)。土壤容重与CRSW呈显著负相关($p < 0.05$)(图4-11a、g),而土壤总孔隙度($p < 0.05$)(图4-11b、h)、田间持水量($p < 0.05$)(图4-11c、i)与CRSW呈显著正相关。此外,植被生物量也会对CRSW产生影响,根系生物量($p < 0.05$)(图4-11d、j)、乔木生物量($p < 0.05$)(图4-11e、k)和凋落物生物量($p < 0.05$)(图4-11f、l)与CRSW呈显著正相关。这表明植被因素和土壤因素均会影响这4个不同营林处理的马尾松人工林

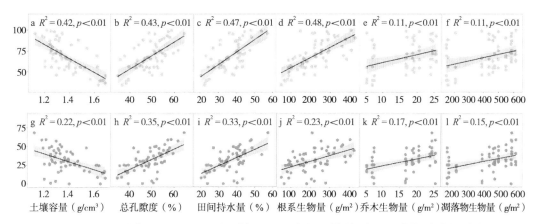

图 4-11　湖北秭归研究区降水对土壤水贡献率与土壤性质和植被性质的相关关系

CRSW（Wang et al.，2021）。

为了量化不同变量对 CRSW 的相对重要性，根据降雨后第 1 天和第 7 天 CRSW 与关键驱动因素之间的已知关系，笔者构建了 2 个结构方程模型。模型解释了第 1 天 CRSW 中 65% 的方差（图 4-12a）。土壤性质和根系生物量对第 1 天的 CRSW 均有直接的正向影响。凋落物生物量与土壤性质正相关，其通过影响土壤性质，进而对 CRSW 有较强的间接影响。同样，根系生物量也是影响 CRSW 重要的间接因素，通过对土壤物理性质产生正向影响而间接影响 CRSW。此外，乔木生物量通过与凋落物生物量和根系生物量间的相互作用而间接对 CRSW 产生正向影响。综上，土壤性质是影响雨后第 1 天 CRSW 重要的直接因子，凋落物生物量是影响雨后第 1 天 CRSW 重要的间接因子（图 4-12）。

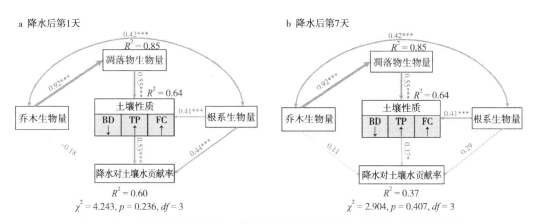

图 4-12　湖北秭归研究区土壤因子和植被因子对 CRSW 的模型驱动

注：BD 为容重；TP 为总孔隙度；FC 为田间持水量；CRSW 为降水对土壤水的贡献率。

大雨后 7 天内，土壤性质和根系生物量的直接效应略有下降，凋落物生物量和根系生物量的间接效应也有所下降。降雨后第 7 天的模式解释了 CRSW 54% 的差异（图 4-12b）。土壤性质仍然是影响 CRSW 的关键直接因素。与雨后第 1 天相比，雨后第 7 天直接影响因素土壤性质和根系生物量标准变化路径系数分别从 0.53、0.44 下降到 0.37、0.29（图 4-13）。

同时，在雨后第7天，间接影响因素凋落物生物量和乔木生物量分别从0.31、0.29下降到0.24、0.23（图4-13）。土壤性质和凋落物生物量仍然分别是影响雨后第7天CRSW重要的直接和间接因子（图4-13）（Wang et al., 2021）。

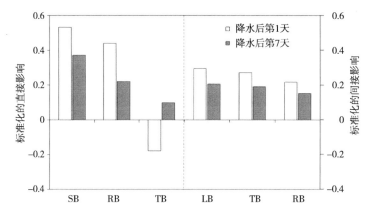

图4-13　湖北秭归研究区结构方程模型标准化的直接和间接影响

注：SP为土壤性质；RB为根系生物量；TB为乔木生物量；LB为凋落物生物量。

第四节　降水对中国亚热带马尾松人工林土壤水的贡献率及其影响因素

一、土壤水 δD 与其潜在水源 δD 的关系

不同量级降水事件发生后，在中国亚热带（南亚热带广东肇庆、中亚热带湖南会同、北亚热带湖北秭归）马尾松纯林及马尾松混交林中，土壤水 δD 均介于大气降水 δD 及浅层地下水 δD 之间（图4-14），表明中国亚热带马尾松人工林土壤水主要来源于大气降水和浅层地下水。小雨后，北亚热带湖北秭归研究区马尾松纯林及混交林中各层土壤水 δD 随土壤深度增加逐渐递增，而其他研究区各林中土壤水 δD 随土壤深度增加逐渐下降（图4-14）。中雨及大雨后，马尾松纯林及混交林中各层土壤水 δD 均随土壤深度增加逐渐上升（图4-14）。

二、不同量级降水对土壤水的贡献率（CRSW）

不同量级降水对中国亚热带马尾松人工林土壤水的贡献率差异较大。小雨对土壤水的贡献率在马尾松纯林与马尾松混交林间无显著差异（$p > 0.05$；图4-15）。中雨对马尾松针阔混交林土壤水的贡献率显著高于马尾松纯林（$p < 0.01$；图4-15）。类似地，大雨对马尾松针阔混交林土壤水的贡献率也显著高于马尾松纯林（$p < 0.01$；图4-15）。

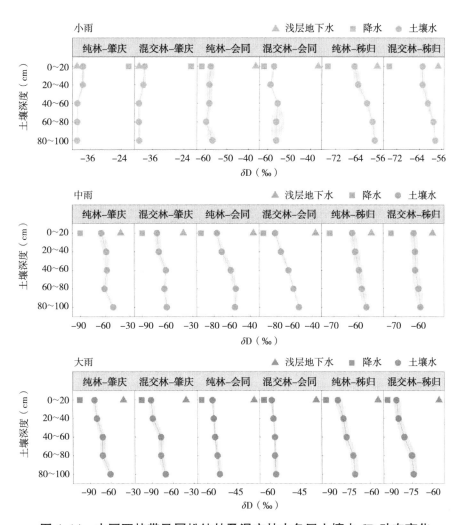

图 4-14 中国亚热带马尾松纯林及混交林中各层土壤水 δD 动态变化

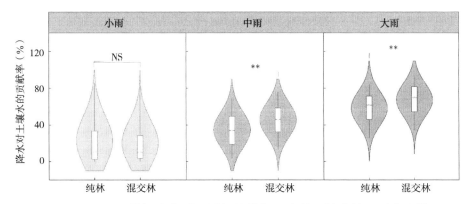

图 4-15 不同量级降水对马尾松纯林与混交林土壤水的贡献率比较

注：NS 为无显著性；** 为 $p < 0.01$，极显著。

三、降水对土壤水的贡献率与土壤属性及植物属性的关系

为了探究土壤属性和植物属性对 CRSW（降水对中国亚热带马尾松人工林土壤水的贡献率）的影响，笔者分别将小雨、中雨和大雨后的 CRSW 与土壤和植物属性建立相关关系。结果发现，小雨后，CRSW 与土壤属性没有显著的相关关系，而与部分植物属性显著相关。具体来讲，在土壤属性中，无论是土壤容重、总孔隙度还是田间持水量，均与 CRSW 没有显著的相关关系（$p > 0.05$; 图 4-16a）。在植物属性中，尽管根系生物量与 CRSW 也没有表现出显著相关关系（$p > 0.05$; 图 4-16a），但是乔木生物量（$p < 0.01$; 图 4-16a）、凋落物生物量（$p < 0.01$; 图 4-16a）均与 CRSW 呈显著负相关关系，表明小雨时 CRSW 主要受植物属性影响。

中雨及大雨后，CRSW 与土壤属性、植物属性均显著相关（$p < 0.05$; 图 4-16b、c）。其中，土壤容重（$p < 0.01$; 图 4-16b、c）与 CRSW 显著负相关。总孔隙度、田间持水量与 CRSW 呈显著正相关（$p < 0.01$; 图 4-16b、c）。此外，CRSW 还与植物属性有关。具体来讲，中雨后，CRSW 与乔木及根系生物量均呈显著正相关关系（$p < 0.05$; 图 4-16b），大雨后，CRSW 与叶片生物量呈显著负相关关系，而与根系生物量呈显著正相关关系（$p < 0.01$; 图 4-16c）。综上可知，中雨及大雨时，土壤和植物属性均可能影响 CRSW。

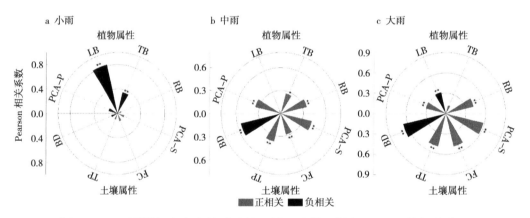

图 4-16　不同量级降水事件后植物属性及土壤属性与 CRSW 的相关关系

注：RB 为根系生物量；TB 为乔木生物量；LB 为凋落物生物量；PCA-P 为植物生物量（RB 和 TB）的主成分分析中的第一主成分；BD 为容重；TP 为总孔隙度；FC 为田间持水量；PCA-S 为土壤属性（BD、TP 和 FC）。

四、降水对土壤水的贡献率的驱动因素

为了探究影响 CRSW（降水对中国亚热带马尾松人工林土壤水的贡献率）的主要因素，笔者通过方差分解法对土壤属性及植物属性进行了筛选（图 4-17）。结果显示，小雨时，植物属性对 CRSW 的影响远高于土壤属性（76.1% vs. 8.3%，图 4-17a），而中雨及大雨时，土壤属性对 CRSW 的影响则远高于植物属性（32.0% vs. 1.2%，图 4-17b; 35.4% vs. 22.2%，图 4-17c），表明小雨时，CRSW 主要受植物属性调控，而中雨及大雨时，CRSW 则主要受土壤属性调控。

图 4-17　不同量级降水对土壤水贡献率的方差分解

为了验证这一研究结果，笔者根据已知的 CRSW 及其关键驱动因素之间的关系，分别构建了小雨、中雨及大雨后 CRSW 的 3 个结构方程模型（图 4-18）。研究结果发现，小雨后，凋落物生物量对 CRSW 的直接影响最强，而土壤属性及植物生物量对 CRSW 的直接影响较弱，此外，植物生物量对 CRSW 有一定的间接影响（图 4-18a；图 4-19）。中雨后，只有土壤属性对 CRSW 有直接影响，植物生物量只能通过影响土壤属性从而间接影响 CRSW（图 4-18b、c；图 4-19）。大雨后，土壤属性对 CRSW 的直接影响最强，而凋落物生物量对 CRSW 的直接影响较弱，此外，植物生物量对 CRSW 有一定的间接影响（图 4-18c；

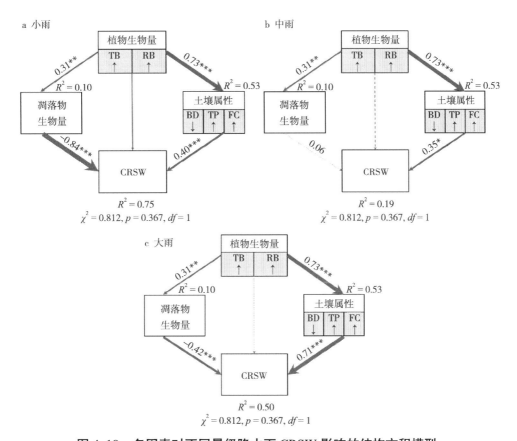

图 4-18　多因素对不同量级降水下 CRSW 影响的结构方程模型

注：RB 为根系生物量；TB 为乔木生物量；BD 为容重；TP 为总孔隙度；FC 为田间持水量；CRSW 为降水对土壤水的贡献率。

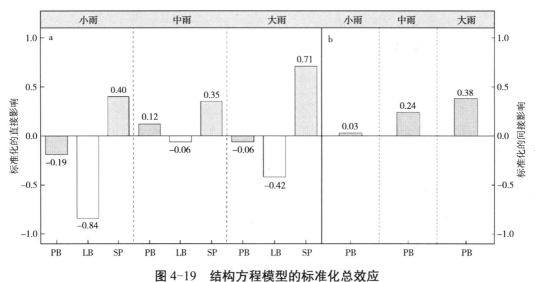

图 4-19　结构方程模型的标准化总效应

注：PB 为植物生物量；LB 为凋落物生物量；SP 为土壤属性。

图 4-19）。结构方程模型的结果表明，小雨时，CRSW 主要受植物属性调控，而中雨及大雨时，CRSW 主要受土壤属性调控，这与方差分解的结果一致。

研究发现，在中国亚热带马尾松纯林与马尾松针阔混交林土壤截持弱降水能力没有显著差异，但马尾松针阔混交林土壤截持中强度降水能力显著高于马尾松纯林。基于方差分解及结构方程模型，进一步分析发现，在不同量级降水条件下，中国亚热带马尾松人工林土壤持水能力的主导因素差异较大。降水量 ≤ 10mm 时，影响中国马尾松人工林土壤持水能力的主要因素是植物属性，而降水量 > 10mm 时，其主导因素是土壤属性。上述研究结果带来如下启示：①马尾松针阔混交林具有比马尾松纯林更强的水土保持能力，因此，建议今后在中国亚热带地区营造或修复马尾松人工林时，应注重混交林营造（马尾松与阔叶树种混交），从而有效提高马尾松人工林的水土保持能力。②影响马尾松林土壤截持不同量级降水能力的因素差异较大，因此，未来在预测人工林水土保持能力时，应对不同量级降水的驱动因子加以区分。

第五章

植物水氢氧同位素特征

全球人工林面积约为 1.4 亿 hm²。近年来，全球森林覆盖率的持续降低，而人工林面积却每年增加 200 万～300 万 hm²，因此人工林在生态系统服务方面发挥着越来越重要的作用（如满足木材需求、减缓气候变化等）（Verheyen et al., 2015）。同时对人工林的生产（如木材、产油量、产水量）和资源（如生物多样性、碳储存）环境管理带来了挑战和机遇。随着全球气候变化的加剧，人工纯林通常被认为更易受到非生物和生物因素干扰（Verheyen et al., 2015）。近年来，混交林被认为是维持土壤肥力、增加木材产量以及增加生物多样性的有效途径（Reverchon et al., 2015）。

水分是限制干旱地区人工林生长和生产力提升的主要环境因素之一（Otto et al., 2017），即使在水分充足的亚热带森林生态系统中亦是如此。然而，以往关于人工林的研究多集中于生产力或生态系统服务方面，对混交林是否在水分利用格局上具有优势的相关研究较少。近年来，有研究表明混交林中的共存物种在水分来源上表现出一定的可塑性，而这种可塑性将提高人工林生态系统抵御极端气候的能力（Xu et al., 2011; Wang et al., 2020）。同时，植物水分来源的可塑性对人工林的生物多样性与生产力的提高具有积极影响（O'Keefe et al., 2019）。因此，为了更好地了解人工林生态系统及其功能如何响应全球气候变化，有必要研究混交林中各优势植物的水分利用格局。

越来越多的研究试图揭示生态水文分化的机制和植物水分来源的可塑性。例如：Wang 等（2020）研究发现，混交林中植物比纯林中的植物利用更多的浅层土壤水，相应地减少了对深层土壤水分的消耗。Zhang 等（2020a）研究表明，与纯林相比，混交林中的美洲黑杨从深层土壤中获得的水分较少，而从浅层土壤中获得的水分较多。这一现象归因于混交林中的植物存在生态水文分化。以上研究是在降水相对稳定的生态系统中进行的。然而，在干湿季分明的季风地区（如亚热带森林生态系统），植物的水分来源是否具有一定的可塑性及其如何响应降水的变化仍不清楚。Tang 等（2018）研究表明，随着降水量的减少，沙棘的水分利用来源从浅层土壤水转移到深层土壤水。马尾松、湿地松和杉木在雨季主要从浅层土壤水中吸收水分，在旱季则转向吸收深层土壤水（Yang et al., 2015）。然而，目前还不清楚共存植物如何调整它们的用水格局，以应对降水格局改变，特别是在季风地区。

此外，植物的水分利用格局随着森林类型和环境条件的不同而不同（徐庆等, 2022; Gao et al., 2022）。植物水分来源的可塑性可能受到多种因素的影响，但目前还不清楚调节植物水分来源的主要因素（Zhang et al., 2020a）。有研究表明非生物因素（如降水量、土壤物理性质等）是影响植物水分来源的主要因素。如降水量和混交种植是通过改变土壤水分格局影响植物水分来源的一个重要因素；土壤物理性质可能会影响林地的时间或空间水分含量，并间接影响植物的水分利用格局（Zhang et al., 2020a）。然而，也有研究表明，植物功能性状，包括生理性状和表型性状，是调控植物水分来源可塑性的直接因素。例如：Redelstein 等（2018）和 Zhang 等（2020a）的研究表明，细根分布是调节植物水分吸收的主要驱动因素之一。具有二态根系的植物使它们能够获得不同的空间或时间水源（Wang et al., 2017）。但不同植物的根系分布的可塑性存在一定差异且随着森林类型（纯林、混交林）的变化而变化（Asbjornsen et al., 2008）。因此，有必要对不同类型人工林和不同植物的水分利用来源进行研究（Kathleen et al., 2009）。除植物功能性状外，生物因素中的植物生理特性是调控植物水分来源可塑性的主要因素，例如：叶片蒸腾速率和气孔导度（O'Keefe et al., 2019）。Tiemuerbieke 等（2018）研究表明，植物水分利用比例受根系功能和地上生理生态性状的共同调控。Rafael 等（2017）提出植物在不同的生境中存在一定的表型可塑性或遗传分化。此外，其他生物因素（如森林类型、林冠开敞度、凋落物生物量）也可以直接或间接影响植物的水分利用格局进而影响植物吸水的可塑性。因此，还需要进一步探究影响纯林和混交林中植物水分来源可塑性的主要调控因子。

人工林占我国森林总面积的 31.6%。其中，54.3% 的人工林分布在亚热带地区（Yang et al., 2015）。受到东亚季风影响，亚热带地区具有丰富的水和热量。然而，由于夏季温度和降水分布不一致，季节性干旱频发（Tang et al., 2014）。因此，有必要探索季节性干旱条件下植物水分利用格局随人工林类型的变化及影响水分来源可塑性主要调控因子。为探讨不同类型人工林中优势植物水分利用策略，本研究运用氢（^{2}H）和氧（^{18}O）同位素研究马尾松纯林和混交林中优势植物在不同量级降水条件下的水分利用格局，通过测定分析不同类型马尾松人工林的生物与非生物因素，揭示不同类型人工林中马尾松的水分利用格局。本研究的目标：①确定不同类型人工林中马尾松及其他优势植物的水分利用格局。②揭示影响马尾松水分利用格局的主要因素。

第一节 植物水 $\delta D \sim \delta^{18}O$ 关系

一、南亚热带研究区

将 2013 年 7 月至 2014 年 8 月广东肇庆研究区 2 种马尾松人工林（马尾松纯林、马尾松-锥栗-木荷针阔混交林）中主要优势植物水 δD 与 $\delta^{18}O$ 进行线性回归分析，结果表明，广东肇庆马尾松纯林中草本层优势植物乌毛蕨植物水 δD 与 $\delta^{18}O$ 线性相关性极显著（图 5-1），其线性方程为 $\delta D=6.939\delta^{18}O-10.000$（$R^2=0.984$, $n=54$, $p<0.01$）；马尾松植物水 δD 和 $\delta^{18}O$ 线性相关性极显著（图 5-1），其线性方程 $\delta D=5.354\delta^{18}O-20.073$（$R^2=0.982$, $n=54$, $p<0.01$）。

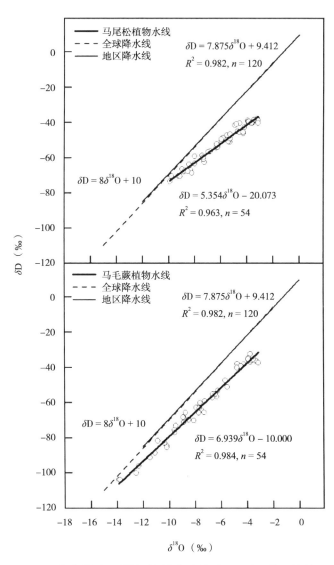

图 5-1　广东肇庆马尾松纯林中植物水 δD 和 $\delta^{18}O$ 的关系

将 2013 年 7 月至 2014 年 8 月广东肇庆研究区针阔混交林中乔、灌、草层 5 种主要优势植物水 δD 和 $\delta^{18}O$ 进行线性回归分析，结果表明，研究区针阔混交林中锥栗植物水 δD 和 $\delta^{18}O$ 线性相关性极显著（图 5-2），其线性方程为 $\delta D=4.664\delta^{18}O-28.663$（$R^2=0.989$，$n=54$，$p<0.01$）；木荷植物水 δD 和 $\delta^{18}O$ 线性相关性极显著（图 5-2），其线性方程为 $\delta D=5.442\delta^{18}O-21.323$（$R^2=0.967$，$n=54$，$p<0.01$）；九节植物水 δD 和 $\delta^{18}O$ 线性相关性极显著（图 5-2），其线性方程为 $\delta D=6.355\delta^{18}O-19.600$（$R^2=0.984$，$n=54$，$p<0.01$）；乌毛蕨植物水 δD 和 $\delta^{18}O$ 线性相关性极显著（如图 5-2），其线性方程为 $\delta D=7.237\delta^{18}O-10.026$（$R^2=0.984$，$n=54$，$p<0.01$）；马尾松植物水 δD 和 $\delta^{18}O$ 线性相关性极显著（图 5-2），其线性方程为 $\delta D=5.112\delta^{18}O-23.947$（$R^2=0.965$，$n=54$，$p<0.01$）。

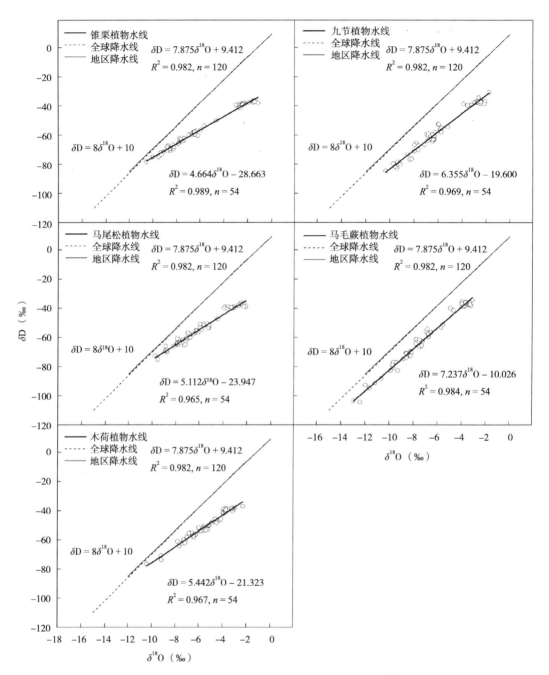

图 5-2　广东肇庆针阔混交林中五种植物水 δD 和 $\delta^{18}O$ 的关系

二、中亚热带研究区

根据湖南会同地区 2017 年 5 月至 2019 年 8 月的大气降水氢氧同位素组成，拟合出该地区大气降水线（LMWL）。研究区地下水和溪水的氢氧同位素组成随时间变化较稳定，且地下水和溪水的氢氧同位素值差异不显著（δD 为 -38.09‰±0.78‰，$\delta^{18}O$ 为 -7.09‰±1.63‰）。

土壤水的氢氧同位素值组成均在 LMWL 附近，且随土壤深度和降水量的变化而变化。马尾松和木荷植物茎（木质部）水氢氧同位素值均在 LMWL 附近，但并不总是在土壤水氢氧同位素值范围内，表明土壤水并不是该地区马尾松和木荷唯一的水分来源（图 5-3）。

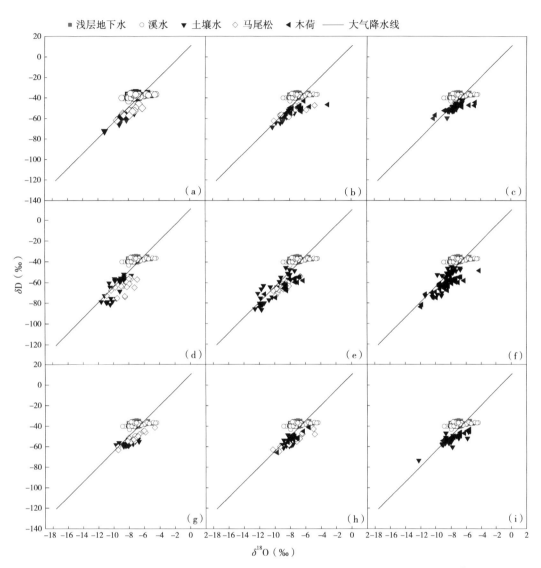

图 5-3 湖南会同植物水 δD（$\delta^{18}O$）与降水、土壤水、溪水及浅层地下水的 δD（$\delta^{18}O$）的关系

注：（a）8.7 mm 降水事件，马尾松纯林；（b）8.7 mm 降水事件，马尾松–木荷混交林；（c）8.7 mm 降水事件，木荷纯林；（d）15.3 mm 降水事件马尾松纯林；（e）15.3 mm 降水事件，马尾松–木荷混交林；（f）15.3 mm 降水事件，木荷纯林；（g）36.9 mm 降水事件，马尾松纯林；（h）36.9 mm 降水事件，马尾松–木荷混交林；（i）36.9 mm 降水事件，木荷纯林。LMWL 为研究区大气降水线。

三、北亚热带研究区

根据湖北秭归 2016 年 9 月至 2019 年 8 月期间大气降水氢氧同位素组成，拟合得出的

该研究区大气降水 $\delta D \sim \delta^{18}O$ 线性关系式为 $\delta D = 8.52\delta^{18}O + 20.11$（$R^2 = 0.96, p < 0.01$）。如图 5-4 所示，土壤水 δD（$\delta^{18}O$）值多分布于大气降水线的右下方，表明土壤水主要来源于大气降水且存在一定程度的蒸发富集效应。不间伐、除灌、轻度间伐和重度间伐马尾松人工林地土壤水线的斜率分别为 6.72、6.02、6.51 和 5.83，表明 4 个不同营林处理马尾松人工林地的土壤水 δD（$\delta^{18}O$）受到蒸发富集作用程度不同。植物水 δD（$\delta^{18}O$）值与土壤水 δD（$\delta^{18}O$）接近，表明马尾松植物主要利用不同深度土壤水。

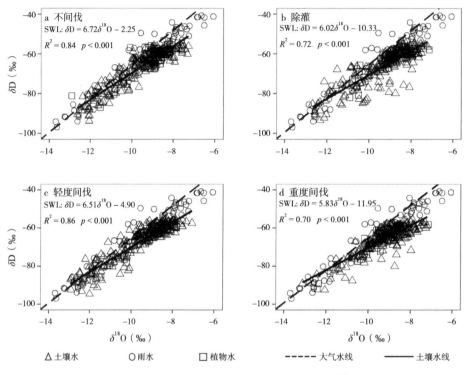

图 5-4 大气降水、土壤水和植物水的 $\delta D \sim \delta^{18}O$ 关系

第二节 优势植物水分利用率

一、南亚热带研究区

基于图 5-1、图 5-2 的分析表明，在不同量级降水条件下，南亚热带广东肇庆不同类型马尾松人工林中马尾松植物水分来源于土壤水。进一步通过 MixSIAR 模型计算了不同量级降水条件下纯林及混交林中马尾松植物水分利用比例。结果表明，无论小雨、中雨还是大雨后，纯林与混交林中的马尾松对各水源的利用比例存在显著差异（$p < 0.05$）。具体表现为，纯林中马尾松对浅层土壤水（0～20cm、20～40cm）的利用率显著低于混交林的，

而对深层土壤水（60～80cm、80～100cm）的利用率显著高于混交林的。表明马尾松与阔叶树种混交后，对浅层土壤水的利用率增加，相反，对深层土壤水的利用率减小。

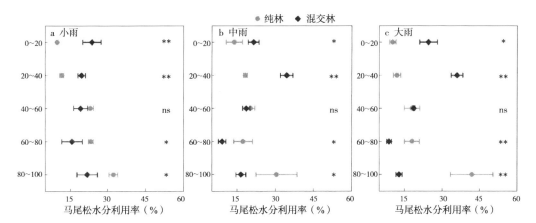

图5-5 广东肇庆不同量级降水条件下纯林和混交林中马尾松对各水源利用率比较

二、中亚热带研究区

基于图5-3的分析，结果表明马尾松和木荷植物水分来源于土壤水和浅层地下水。且运用MixSIAR模型计算了各树种对其潜在水源的利用率（图5-6）。不同量级降水条件下不同类型人工林中的马尾松和木荷对各潜在水源的利用率存在显著差异（$p < 0.05$）。在36.9mm降水事件中，混交林中的马尾松和木荷对各层土壤水和浅层地下水的利用率存在显著差异。36.9mm降水后，混交林中马尾松对0～20cm、20～40cm、40～60cm和60～80cm土壤水的利用比例大于木荷，而木荷对80～100cm深层土壤水及浅层地下水的利用率大于马尾松。

此外，在36.9mm降水事件中，不同类型马尾松人工林中马尾松对各水源的利用率存在显著差异（$p < 0.05$）。36.9mm降水后，混交林中的马尾松对0～20cm和40～60cm层土壤水利用率高于纯林中的马尾松。而36.9mm降水后，混交林中的马尾松对浅层地下水的利用率低于纯林中的马尾松。不同类型人工林中的木荷对深层（60～80cm、80～100cm）土壤水和浅层地下水的利用率差异显著。36.9mm降水后，混交林中的木荷对深层（60～80cm、80～100cm）土壤水和浅层地下水利用率高于纯林中的木荷。而36.9mm降水后，混交林中的木荷对0～20cm表层土壤水的利用率低于纯林中的马尾松。

三、北亚热带研究区

基于MixSIAR模型，定量阐明了湖北秭归马尾松对各水源的利用率（图5-7）。3个不同量级降水条件下马尾松对各水源利用率存在差异，表明马尾松能利用多种水源且随降水条件的变化转换其水分利用来源。随着降水量增加，无处理、除灌、轻度间伐及重度间伐马尾松林中马尾松对深层土壤水和浅层地下水的利用率逐渐降低，表明马尾松具有较为灵活的水分利用策略，能迅速适应林中水分条件的变化。小雨后，无处理、除灌和轻度间伐

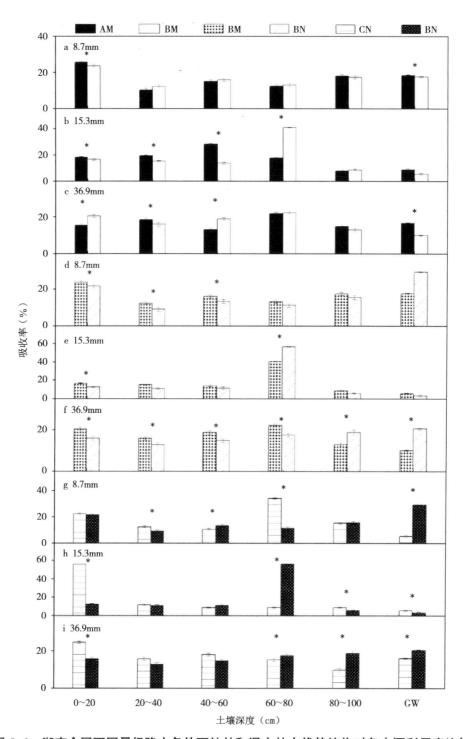

图 5-6 湖南会同不同量级降水条件下纯林和混交林中优势植物对各水源利用率比较

注：图中的误差线表示标准偏差，物种间显著差异用 * 表示，"AM"和"BM"分别代表马尾松在其纯林和混交林内的观测值；"CN"和"BN"分别代表木荷在其纯林和混交林内的观测值。

马尾松林中的马尾松主要利用 60～100cm 深层土壤水，而重度间伐马尾松林中的马尾松主要利用 0～20cm 表层土壤水和 20～60cm 中层土壤水。重度间伐对表层土壤水和中层土壤水的利用率显著高于其他营林处理措施（$p<0.05$），而对深层土壤水和地下水的利率显著低于其他处理（$p<0.05$）。中雨后，4 个不同营林处理的马尾松林中的优势植物马尾松对各水源的利用率间无显著差异（$p>0.05$），中层和深层土壤水是马尾松的主要水源。大雨后，轻度采伐马尾松林中的马尾松对 20～60cm 中层土壤水的利用率最高，对深层土壤水和地下水的利用率显著低于除灌马尾松林中的马尾松。

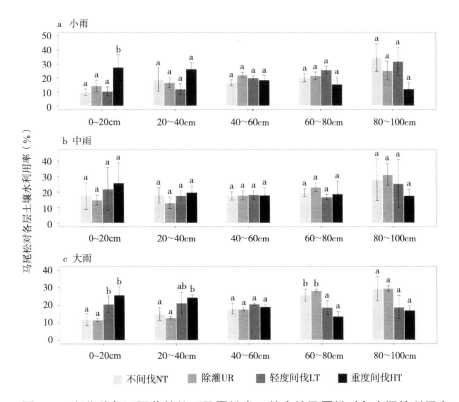

图 5-7　湖北秭归不同营林处理马尾松人工林中的马尾松对各水源的利用率

第三节　影响马尾松水分利用率主要因素

一、南亚热带研究区

为了探究影响马尾松水分利用率的因素，调查了南亚热带广东肇庆研究区的马尾松纯林及马尾松混交林中的植物属性及土壤属性，并通过方差分解来筛选影响马尾松水分利用率的主要因素。基于方差分解的结果显示，小雨、中雨及大雨后，植物属性对马尾松水分利用率的影响分别为33.2%、49.9%、35.0%，土壤属性对马尾松水分利用率的影响分别为2.0%、4.5%、8.0%，表明植物属性对马尾松水分利用率的影响远高于土壤属性（图5-8）。

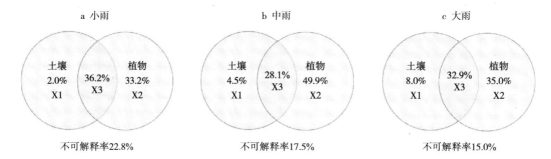

图5-8　土壤和植物属性对马尾松水分利用率的影响

二、中亚热带研究区

为了进一步探究中亚热带湖南会同人工林中优势植物马尾松和木荷水分利用率的影响因素，将马尾松和木荷水分利用率与生物/非生物进行回归分析。回归分析表明，马尾松和木荷水分利用率的影响因素不同（图5-9）。马尾松和木荷的水分利用率与土壤含水量呈负相关，与林冠开敞度呈正相关。此外，土壤物理性质和叶面积指数与马尾松和木荷的水分利用率无显著相关性。马尾松的水分利用率与叶片水势呈负相关，与细根生物量、蒸腾速率、气孔导度呈正相关。马尾松的水分利用率与净光合速率无显著相关性。木荷的水分利用率与叶片水势、净光合速率呈负相关，与细根生物量呈正相关。此外，木荷的水分利用率与蒸腾速率、气孔导度无显著相关性。

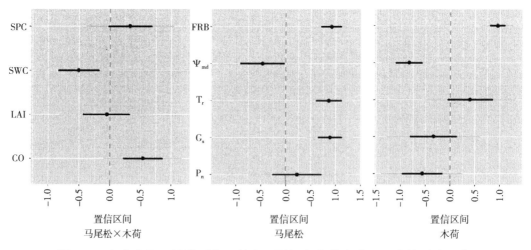

图5-9　湖南会同不同类型人工林中马尾松和木荷水分利用率的影响因素

注：SPP为土壤物理性质；SWC为土壤含水量；LAI为叶面积指数；CO为林冠开敞度；FRB为细根生物量；Ψ_{md}为叶片水势；T_r为蒸腾速率；G_s为气孔导度；P_n为净光合速率。

三、北亚热带研究区

建立了土壤属性和植物属性与北亚热带湖北秭归马尾松人工林中的马尾松水分吸收率之间的 Pearson 相关关系，以探讨影响马尾松吸水率的主要因素（图 5-10）。Pearson 相关表明，马尾松对各层土壤水的利用率与细根生物量、叶片生物量和叶片水势呈显著线性相关，仅在部分土层土壤水的利用率与容重、田间持水量和总孔隙度呈显著线性相关。方差分解结果进一步表明，植物属性是影响马尾松吸水率的关键因素（图 5-11）。

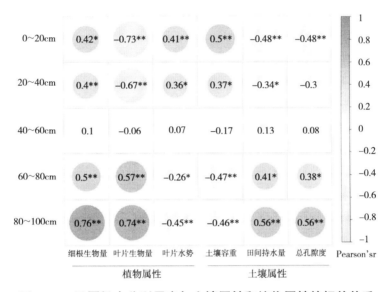

图 5-10　马尾松水分利用率与土壤属性和植物属性的相关关系

注：LB 为叶片生物量；FB 为细根生物量；WP 为叶片水势；BD 为土壤容重；TP 为总孔隙度；FC 为田间持水量。

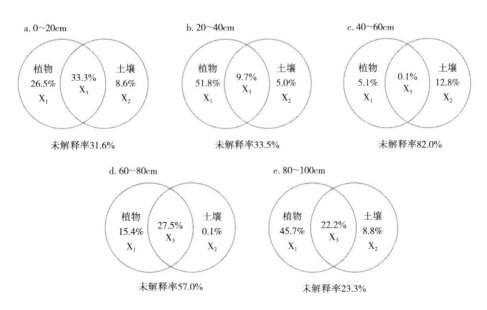

图 5-11　土壤属性和植物属性对马尾松水分利用率的影响

第四节 中国亚热带马尾松水分利用率及其影响因素分析

一、马尾松植物水及其潜在水源的 $\delta D \sim \delta^{18}O$ 关系

在我国南、中、北亚热带各研究区马尾松纯林及马尾松混交林中，马尾松、木荷、锥栗等植物水与其潜在水源的 $\delta D \sim \delta^{18}O$ 关系如图 5-12、图 5-13 所示。由图 5-12、图 5-13 可知，各层土壤水及植物水的 δD、$\delta^{18}O$ 值均位于各研究区大气降水线右侧，表明土壤水及植物水在转化过程中发生了蒸发分馏，且植物水 δD（$\delta^{18}O$）值与土壤水 δD（$\delta^{18}O$）值接近，进一步表明我国亚热带三个研究区马尾松植物水直接来源于土壤水。

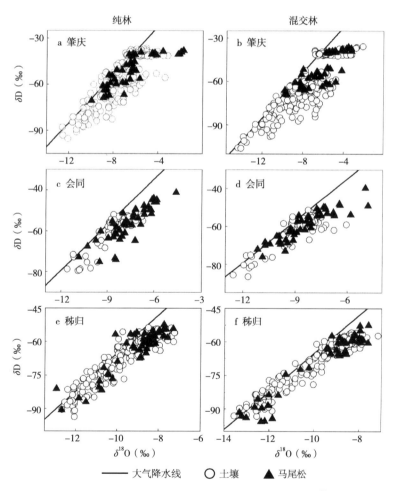

图 5-12 中国亚热带马尾松及其潜在水源的 $\delta D \sim \delta^{18}O$ 关系

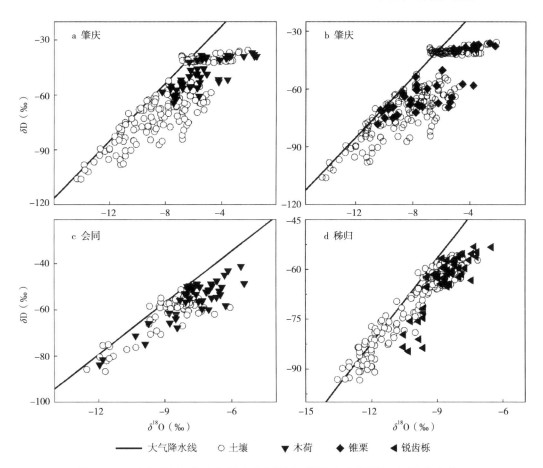

图 5-13 中国亚热带混交林中各树种及其潜在水源的氢氧同位素值

二、马尾松及其混交树种的水分利用格局

笔者通过 MixSIAR 计算了南、中、北亚热带三个研究区马尾松纯林及马尾松针阔混交林中马尾松的水分利用率（图 5-14）。结果表明，无论小雨（图 5-14a、d、g）、中雨（图 5-14b、e、h）还是大雨（图 5-14c、f、i）后，混交林中马尾松对浅层土壤水（0～20cm、20～40cm）的利用率显著高于纯林中的马尾松，但对深层土壤水（60～80cm、80～100cm）的利用率显著低于纯林中的马尾松。此外，小雨后中亚热带地区马尾松纯林中的马尾松对 40～60cm 土壤水的吸收率显著低于混交林中的马尾松（图 5-14b）；大雨后，南、中亚热带地区纯林中的马尾松对 40～60cm 土壤水的吸收率显著高于混交林中的马尾松（图 5-14g、h）。

另外，通过 MixSIAR 计算我国亚热带各研究区混交林中其他树种的水分利用率（图 5-15）。由图 5-15 可知，无论小雨、中雨还是大雨后，中国亚热带地区马尾松混交林中，锥栗、木荷及槲栎等植物主要吸收 40cm 以下深层土壤水，对 40cm 以上浅层土壤水利用率较小。混交林中马尾松对浅层土壤水（40cm 以上）的利用率较高，对 40cm 以下深层土壤水利用率较低，表明中国亚热带混交林中马尾松与其他树种的水分生态位互补。

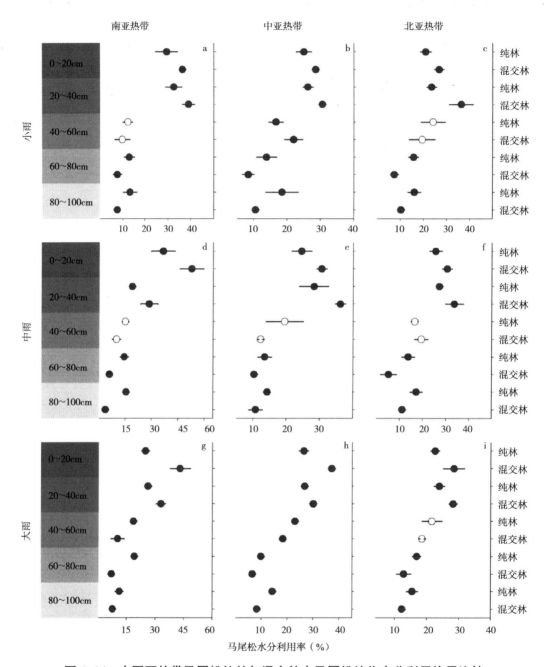

图 5-14 中国亚热带马尾松纯林与混交林中马尾松植物水分利用格局比较

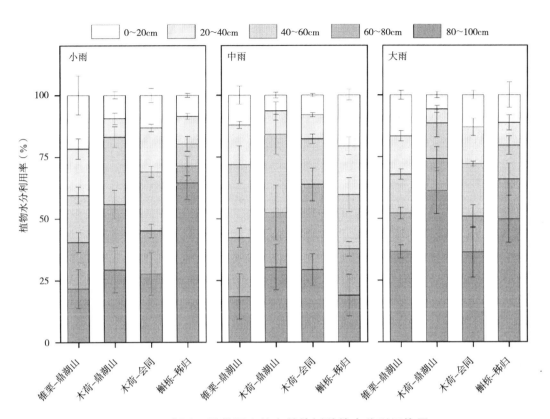

图 5-15　中国亚热带混交林中其他树种的水分利用格局

三、影响马尾松植物水分利用格局的主要因素

为了探究影响马尾松对各层土壤水的利用率和利用格局（P）的因素，笔者调查了我国亚热带各研究区的植物及土壤属性，并通过方差分解、随机森林及偏相关分析等多种手段来筛选主要影响因素。基于方差分解的结果显示，在中国亚热带马尾松人工林 0～20cm、20～40cm、40～60cm、60～80cm、80～100cm 5 个土壤层次，植物属性对马尾松水分利用率的影响分别为 16.5%、30.5%、2.3%、12.1%、17.1%，土壤属性对马尾松水分利用率的影响分别为 9.2%、7.5%、6.2%、2.7%、7.9%，表明植物属性对马尾松水分利用率的影响远高于土壤属性（图 5-16）。基于随机森林的结果显示，除 40～60cm 土壤层次外，在其余土壤层次，影响马尾松水分利用率的主要因子为植物属性（叶片生物量、细根生物量、叶片水势），该结果与方差分解的结果基本一致（图 5-17）。偏相关分析的结果表明，除 40～60cm 土壤层外，其余土壤层次中，土壤属性及植物属性均与马尾松水分利用率呈显著相关关系，控制土壤属性后，植物属性与马尾松水分利用率仍呈现显著相关性，而控制植物属性后，土壤属性与马尾松水分利用率的相关性消失（图 5-18），表明植物属性是影响马尾松水分利用率的主要因子。综上所述，影响中国亚热带马尾松水分利用格局的主导因素是植物属性。

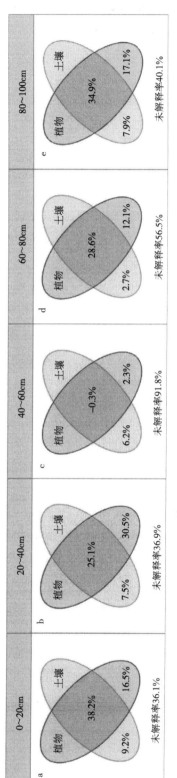

图 5-16 基于方差分解的马尾松水分利用格局主要影响因素

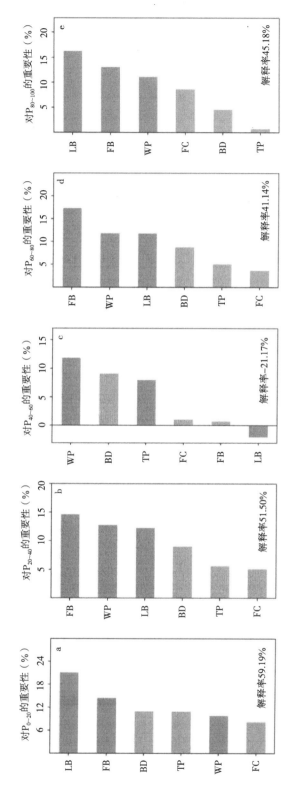

图 5-17 基于随机森林的马尾松植物水分利用格局主要影响因素

注：LB 为叶片生物量；FB 为细根生物量；WP 为叶片水势；BD 为土壤容重；TP 为总孔隙度；FC 为田间持水量。

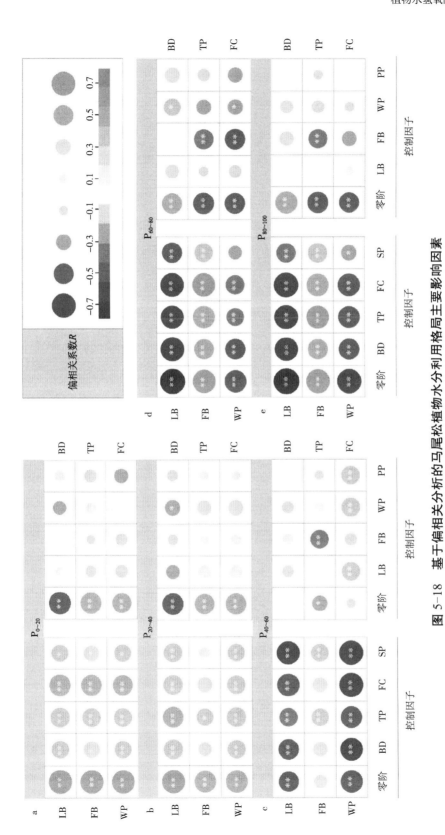

图 5-18 基于偏相关分析的马尾松植物水分利用格局主要影响因素

注：LB 为叶片生物量；FB 为细根生物量；WP 为叶片水势；PP 为植物因子；BD 为土壤容重；TP 为总孔隙度；FC 为田间持水量；SP 为土壤因子。

本研究发现中国亚热带马尾松针阔混交林中的马尾松对浅层土壤水的利用率显著高于马尾松纯林中的马尾松，但对深层土壤水的利用率显著低于纯林中的马尾松，这表明针叶树种马尾松与一些阔叶树种混交后，对浅层土壤水的利用率增加，而对深层土壤水的利用率减小。进一步基于偏相关分析、方差分解及随机森林的分析表明，造成纯林与混交林马尾松水分利用格局差异的主要原因是植物属性差异。这些发现提供了如下重要启示：全球降水格局变化背景下，中国亚热带地区极端降水事件频发，坡度大、土壤贫瘠且水源涵养能力弱的山地纯林对极端降水引发的洪涝或泥石流灾害抵御能力较弱。而种间水分生态位互补的针阔混交林可以通过改变植物细根分布等属性从而提高对浅层土壤水利用率，这将有效改善山地纯林的水源涵养能力。因此，今后在中国亚热带山地森林进行植被恢复及群落结构优化时，应着重营造种间根系分布不同、水分生态位互补的针阔混交林。这种方法既优化了山地森林植物的水分利用格局，同时也通过提高山地植物的物种多样性，加强其抵抗自然灾害（如病虫害、洪涝和干旱灾害）的能力。

第六章
各水体转化关系

生态系统的物质循环及单个生物体的生长发育均受到水分的驱动和影响，水是维持生态系统平衡、功能和稳定的核心因子之一（Zhang et al., 2022）。然而气候变化导致全球降水格局发生改变，极端降水和干旱事件发生频率及强度不断增加，且人类活动和全球变暖所造成的温室气体排放也将加剧全球降水分布的不均衡。研究表明全球内流区的水储量在21世纪初正以惊人的速率下降（Wang et al., 2018）。因此，水资源问题依旧是全球变化三大主题之一。深入了解水循环中各水体的变化规律是实现水资源可持续利用及合理开发的必要前提。同时，研究水体转化过程对解释生态系统水文过程具有重要意义。

近年来，随着陆地生态系统水文过程研究逐渐得到重视，通过稳定同位素能获取更多水循环内部过程的信息，提高了对水循环过程中各水体之间相互作用关系的认识（房丽晶等，2020）。同传统水文学方法相比，稳定同位素作为天然示踪剂，具有较高准确度与灵敏度，能够系统、定量地阐明和揭示生态水文过程中不同水体的变化规律及特征，成为研究陆地生态系统水文过程的主要手段之一（徐庆，2020）。基于稳定同位素的生态系统水循环过程中各水体之间相互转化关系的基本原理，自然条件下，各水体中的水分子在运动过程中由于受到蒸发和凝结作用的影响产生同位素的分馏（同位素富集或贫化），进而导致自然界中各水体的氢氧同位素出现一定的差异。因此，稳定同位素技术在准确、系统和定量地研究陆地水循环过程各水体（降水、地表水、土壤水、植物水和浅层地下水等）之间的相互转化关系中扮演着越来越重要的角色。例如：房丽晶等（2020）研究了内蒙古草原巴拉格尔河流域不同水体（大气降水、河水、浅层地下水）转化及环境驱动因素；张荷惠子等（2019）研究了黄土丘陵沟壑区不同水体（大气降水、河水和浅层地下水）间氢氧同位素特征及水体转化关系；赵宾华等（2017）研究了黄土区生态建设治理对流域不同水体（大气降水、河水、井水和水库水）转化的影响。综上，前人基于δD和$\delta^{18}O$组成对各水体的特征及相互转化关系进行了一系列的研究，但多数研究为关于天然林及流域水文过程的，且对于流域水文过程分析也多集中于关于大气降水、河水和浅层地下水转化关系，仍缺乏对人工林生态系统多种水体整体系统地分析。

我国亚热带地区由于受到季风和局部小气候的影响，不同水体之间转化关系更为复杂。然而关于亚热带地区水文过程系统和定量的相关研究相对较少，尤其是在该地区开展人工林生态修复的大背景下，不同林分类型的人工林生态修复措施是否对区域生态水文过程有积极的影响尚不清楚，因此针对我国亚热带人工林生态系统，开展不同水体转化研究显得尤为必要。为深入了解人工林结构对亚热带生态水文过程的影响，本研究以我国亚热带地区不同类型马尾松人工林(马尾松纯林及马尾松针阔混交林)水文过程中各水体为研究对象,结合稳定同位素技术,分析不同类型马尾松人工林中各水体氢氧同位素特征,量化不同类型人工林水文过程中的各水体间补给和转化关系,以期为我国亚热带人工林生态系统水资源利用的定量研究提供一定的理论支撑。

第一节 各水体氢氧稳定同位素特征

一、南亚热带研究区

广东肇庆研究区大气降水 δD($\delta^{18}O$)与其马尾松纯林及马尾松针阔混交林中的枯枝落叶水、地表水、土壤水、植物水及浅层地下水的 δD($\delta^{18}O$)的均值关系见图 6-1,从图 6-1 可以看出,草本植物乌毛蕨植物水、枯枝落叶水及土壤水的 δD($\delta^{18}O$)值靠近该地区降水线和全球降水线,草本层乌毛蕨植物水、枯枝落叶水及土壤水主要来自大气降水。地表水 δD($\delta^{18}O$)也靠近大气降水线,并接近地下水 δD($\delta^{18}O$)值,进一步表明广东肇庆马尾松林山脚下地表水来源于该地区的大气降水、土壤水及浅层地下水的混合。乔木层锥栗、木荷、马尾松及灌木层的九节植物水的 δD($\delta^{18}O$)值位于大气降水线下方并接近土壤水 δD($\delta^{18}O$)值,表明该研究区马尾松针阔混交林乔木层锥栗、木荷、马尾松及灌木层九节植物除了吸收利用该地区的大气降水外,还吸收利用土壤水。

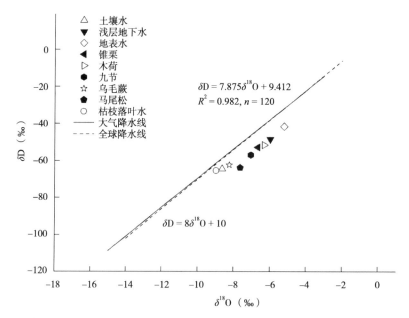

图 6-1 广东肇庆大气降水与枯枝落叶水、土壤水、植物水、浅层地下水、地表水的 $\delta D \sim \delta^{18}O$ 关系

二、中亚热带研究区

中亚热带湖南会同马尾松纯林中各水体 $\delta D \sim \delta^{18}O$ 的关系如图 6-2 所示。在采样期间,大气降水 δD、$\delta^{18}O$ 均值分别为 -43.58‰、-7.22‰,地表水 δD、$\delta^{18}O$ 均值分别为 -41.61‰、-7.38‰,地下水 δD、$\delta^{18}O$ 均值分别为 -38.12‰、-7.16‰,溪水 δD、$\delta^{18}O$ 均值分别为 -38.06‰、-7.01‰,土壤水 δD、$\delta^{18}O$ 均值分别为 -59.78‰、-9.06‰,马尾松植物水 δD、$\delta^{18}O$ 均值分别为 -56.74‰、-7.83‰。地表水、浅层地下水、溪水、土壤水 δD 和 $\delta^{18}O$ 值均位于会同研究区大气降水线两侧,表明大气降水是这 4 个水体的主要补给来源。土壤水及马尾松植物水 δD、$\delta^{18}O$ 值落在该地区大气降水线右侧,表明其在水分运移过程中受到蒸发作用影响。而地表水、浅层地下水和溪水则靠近研究区大气降水线且偏左侧,表明其受蒸发作用影响较小。

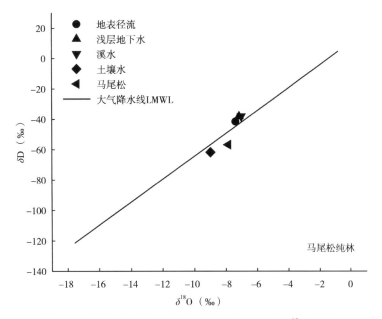

图 6-2　湖南会同马尾松纯林各水体 δD 和 $\delta^{18}O$ 关系

中亚热带湖南会同马尾松 木荷混交林各水体 $\delta D - \delta^{18}O$ 的关系如图 6-3 所示。在采样期间,大气降水 δD、$\delta^{18}O$ 均值分别为 -43.58‰、-7.22‰;地表水(地表径流)δD、$\delta^{18}O$ 均值分别为 -41.61‰、-7.38‰;地下水 δD、$\delta^{18}O$ 均值分别为 -38.12‰、-7.16‰;溪水 δD、$\delta^{18}O$ 均值分别为 -38.06‰、-7.01‰;土壤水 δD、$\delta^{18}O$ 均值分别为 -61.69‰、-9.16‰;马尾松植物水 δD、$\delta^{18}O$ 均值分别为 -57.66‰、-8.01‰;木荷植物水 δD、$\delta^{18}O$ 均值分别为 -56.06‰、-7.75‰。从图 6-3 可以看出,地表水、浅层地下水、溪水、土壤水 δD 和 $\delta^{18}O$ 值均位于研究区大气降水线两侧,表明大气降水是这 4 个水体的主要补给来源。由图 6-3 可知,土壤水、马尾松和木荷植物水 δD、$\delta^{18}O$ 值均落在该地区大气降水线右侧,表明其在水分运移过程中受到蒸发作用影响。而地表水、浅层地下水和溪水则靠近研究区大气降水线且偏左侧,表明其受蒸发作用影响较小。

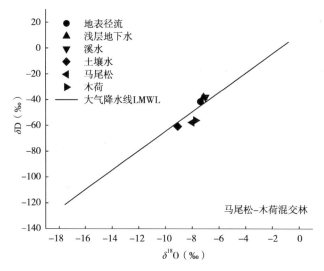

图 6-3　湖南会同马尾松 - 木荷混交林各水体 δD 和 $\delta^{18}O$ 关系

三、北亚热带研究区

湖北秭归研究区大气降水 δD（$\delta^{18}O$）与马尾松人工林土壤水、浅层地下水和植物水的 δD（$\delta^{18}O$）的关系如图 6-4。土壤水 δD 和 $\delta^{18}O$ 位于大气降水线的右侧，表明土壤水和浅层地下水均不同程度的受到大气降水的补给。土壤水 δD 和 $\delta^{18}O$ 位于大气降水线右侧，表明土壤水主要来源于大气降水，并受到一定程度的蒸发分馏影响。植物水 δD（$\delta^{18}O$）与土壤水 δD（$\delta^{18}O$）值接近，表明土壤水是马尾松植物水直接来源。

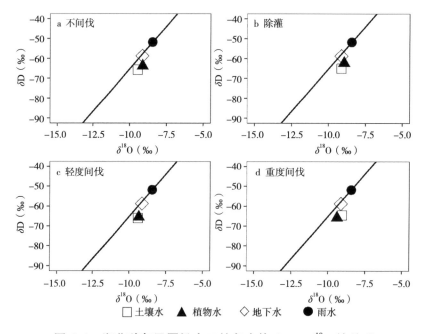

图 6-4　湖北秭归马尾松人工林各水体 $\delta D \sim \delta^{18}O$ 的关系

第二节 降水-土壤水-地下水转化关系

一、南亚热带研究区

南亚热带广东肇庆研究区大气降水 δD 和 δ^{18}O 的关系式为 δD=7.875δ^{18}O+9.412（R^2=0.982, n=120, $p<0.01$）。浅层地下水 δD 和 δ^{18}O 的关系式为 δD=4.020δ^{18}O-16.918（R^2=0.670, n=66, $p<0.01$）；土壤水 δD 和 δ^{18}O 的关系式为 δD=7.101δ^{18}O-4.302（R^2=0.942, n=167, $p<0.01$）。

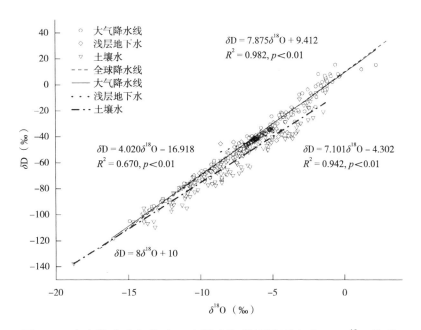

图 6-5 广东肇庆大气降水、土壤水和浅层地下水 δD～δ^{18}O 关系

从图 6-5 可以看出，土壤水氢氧同位素位于该地区降水线下方并靠近浅层地下水线，表明在大气降水补给土壤水的过程中，浅层地下水对土壤水也有一定的补给作用。浅层地下水的氢氧稳定同位素集中分布在大气降水线下方，可见浅层地下水最终来自当地大气降水的补给。

二、中亚热带研究区

中亚热带湖南会同研究区大气降水-土壤水-地下水的 δD 与 δ^{18}O 之间的相互关系如图 6-6 所示。马尾松纯林中土壤水 δD 与 δ^{18}O 线性方程为 δD=（5.80±0.45）δ^{18}O-（9.19±4.09）

($R^2=0.69, p<0.01$),其变化范围分别为 $-85.43‰ \sim -51.05‰$、$-11.79‰ \sim -6.71‰$;马尾松-木荷混交林中土壤水 δD 与 $\delta^{18}O$ 线性方程为 $\delta D=(6.17\pm0.36)\delta^{18}O-(4.71\pm3.31)$ ($R^2=0.79, p<0.01$),其变化范围分别为 $-87.52‰ \sim -45.64‰$、$-12.95‰ \sim -7.36‰$。

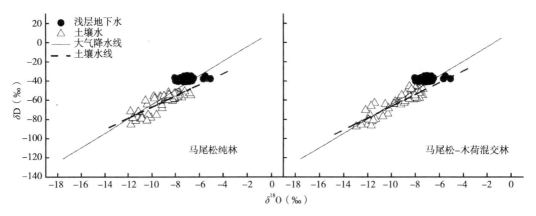

图 6-6 湖南会同降水-土壤水-地下水 δD 和 $\delta^{18}O$ 的关系

湖南会同不同类型马尾松人工林(纯林、混交林)土壤水 δD、$\delta^{18}O$ 值均位于该地区大气降水线左右及浅层地下水左侧,表明该地区土壤水受大气降水和浅层地下水的补给。各人工林土壤水线的斜率均比同时期大气降水线的斜率低,表明土壤水 δD ($\delta^{18}O$) 在水分运移过程中受到蒸发作用影响。各人工林中,马尾松-木荷混交林土壤水线的斜率最大,更接近同时期大气降水,表明其在水分运移过程中受到蒸发作用影响较小。同时也进一步表明马尾松-木荷针阔混交林具有相对较好的拦截降水能力。

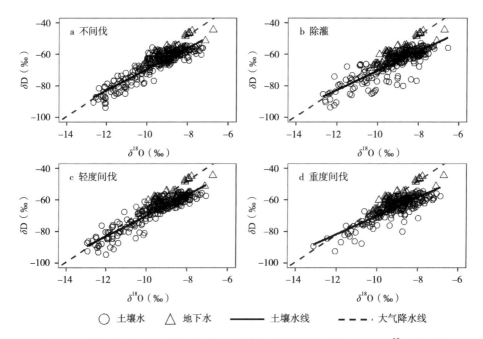

图 6-7 马尾松人工林大气降水、土壤水和浅层地下水 $\delta D \sim \delta^{18}O$ 的关系

三、北亚热带研究区

湖北秭归研究区大气降水、土壤水和浅层地下水的 $\delta D \sim \delta^{18}O$ 的关系如图 6-7 所示。不间伐、除灌、轻度间伐和重度间伐 4 个马尾松林地土壤水线分别为 $\delta D=6.72\delta^{18}O-2.25$、$\delta D=6.02\delta^{18}O-10.33$、$\delta D=6.51\delta^{18}O-4.90$ 和 $\delta D=5.83\delta^{18}O-11.95$，斜率均小于该地区大气降水线（$\delta D=8.52\delta^{18}O+20.11$），这表明土壤水主要来源于大气降水，且降水入渗补给土壤水过程，4 个不同营林处理的马尾松林地受到不同程度蒸发作用的影响。不间伐马尾松林地土壤水线的斜率最大，表明该林地土壤水受到蒸发作用最小；而重度间伐马尾松林地土壤水线的斜率最小，表明该林地土壤水受到蒸发作用最大。浅层地下水 δD 和 $\delta^{18}O$ 接近研究区大气降水线，表明该研究区浅层地下水主要受到大气降水的影响，且转化过程中未受到蒸发作用的影响。

第三节　降水－土壤水－植物水转化关系

一、南亚热带研究区

图 6-8 显示了南亚热带广东肇庆研究区马尾松针阔混交林中的锥栗等 5 种植物水 δD（$\delta^{18}O$）与大气降水 δD（$\delta^{18}O$）和土壤水的 δD（$\delta^{18}O$）的关系。锥栗植物（木质部）水 δD 和 $\delta^{18}O$ 的关系式为 $\delta D=4.967\delta^{18}O-21.234$（$R=0.886, n=144, p<0.01$）；木荷植物水 δD 和 $\delta^{18}O$ 的关系式为 $\delta D=5.197\delta^{18}O-22.240$（$R=0.976, n=108, p<0.01$）；马尾松植物水 δD 和 $\delta^{18}O$ 的关系式为 $\delta D=5.421\delta^{18}O-17.215$（$R=0.940, n=144, p<0.01$）；九节植物水 δD 和 $\delta^{18}O$ 的关系式为 $\delta D=5.901\delta^{18}O-15.966$（$R=0.926, n=144, p<0.01$）；乌毛蕨植物水 δD 和 $\delta^{18}O$ 的关系式为 $\delta D=7.270\delta^{18}O-7.051$（$R=0.984, n=198, p<0.01$）。这 5 种植物水的氢氧同位素组成皆有极好的线性相关性。草本植物乌毛蕨植物水线的斜率和截距均在大气降水线和土壤水线的下方，进一步说明乌毛蕨水分主要来源于大气降水和土壤水。

二、中亚热带研究区

中亚热带湖南会同研究区大气降水－土壤水－植物水的 $\delta D \sim \delta^{18}O$ 关系如图 6-9 所示。马尾松纯林中马尾松植物水 δD、$\delta^{18}O$ 线性方程为 $\delta D=(5.50\pm0.57)\delta^{18}O-(13.67\pm4.54)$（$R^2=0.66, p<0.01$），其变化范围分别为 $-75.15‰\sim-41.27‰$、$-10.87‰\sim-4.64‰$；马尾松－木荷混交林中马尾松植物水 δD、$\delta^{18}O$ 线性方程为 $\delta D=(4.49\pm0.37)\delta^{18}O-(21.71\pm3.04)$（$R^2=0.76, p<0.01$），其变化范围分别为 $-73.09‰\sim-42.66‰$、$-10.28‰\sim-4.75‰$；马尾松－木荷混交林中木荷植物水 δD、$\delta^{18}O$ 线性方程为 $\delta D=(5.58\pm0.48)\delta^{18}O-(12.85\pm3.79)$（$R^2=0.76, p<0.01$），其变化范围分别为 $-83.79‰\sim-41.27‰$、$-11.96‰\sim-5.42‰$。

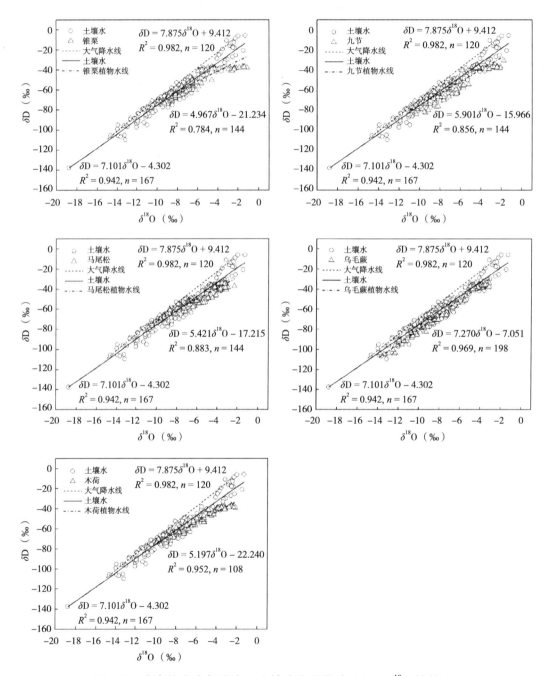

图 6-8 广东肇庆大气降水、土壤水和植物水 $\delta D \sim \delta^{18}O$ 的关系

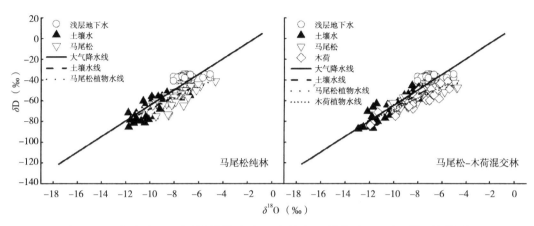

图 6-9　湖南会同马尾松纯林降水－土壤水－植物水 δD 和 $\delta^{18}O$ 的关系

不同类型人工林中马尾松和木荷的植物水 δD（$\delta^{18}O$）值并不完全位于土壤水 δD（$\delta^{18}O$）值范围内，表明土壤水不是马尾松和木荷的唯一水分来源，马尾松和木荷的植物水 δD（$\delta^{18}O$）值部分接近浅层地下水 δD（$\delta^{18}O$）值，表明马尾松和木荷植物吸收部分的浅层地下水。马尾松－木荷混交林中马尾松和木荷的 δD（$\delta^{18}O$）值存在一定的差异，木荷更接近于浅层地下水，且混交林中木荷的植物水线比马尾松植物水线更偏离土壤水线，说明混交林中木荷和马尾松水分利用存在一定的生态水文分化，木荷相比于马尾松吸收更多的深层土壤水和浅层地下水。

三、北亚热带研究区

湖北秭归研究区大气降水、土壤水和植物水的 δD 和 $\delta^{18}O$ 的关系如图 6-10 所示。大气降水 δD 和 $\delta^{18}O$ 变化范围分别为 -137.34‰～-3.66‰ 和 -18.38‰～-2.90‰。不间伐、除灌、轻度间伐和重度间伐 4 个马尾松林地土壤水 δD 的变化范围：δD 的变化范围分别为 -93.69‰～-53.71‰、-93.42‰～-52.74‰、-94.57‰～-54.36‰ 和 -92.46‰～-54.25‰；$\delta^{18}O$ 变化范围分别为 -12.66‰～-7.25‰、-12.69‰～-6.55‰、-12.96‰～-7.07‰ 和 -13.13‰～-6.89‰。土壤水 δD 和 $\delta^{18}O$ 值均介于大气降水 δD 和 $\delta^{18}O$ 值之间。不间伐、除灌、轻度间伐和重度间伐 4 个马尾松林地植物水 δD 的变化范围：δD 的变化范围分别为 -90.68‰～-52.39‰、-82.00‰～-52.93‰、-89.58‰～-54.36‰ 和 -91.92‰～-55.02‰；$\delta^{18}O$ 变化范围分别为 -12.92‰～-7.32‰、-10.99‰～-7.15‰、-12.81‰～-7.65‰ 和 -12.42‰～-7.17‰。不间伐、除灌、轻度间伐和重度间伐 4 个林地和马尾松植物水线分别为 $\delta D=6.69\delta^{18}O-2.80$（$R^2=0.81$）、$\delta D=6.77\delta^{18}O-1.72$（$R^2=0.85$）、$\delta D=7.40\delta^{18}O+3.75$（$R^2=0.93$）和 $\delta D=6.96\delta^{18}O-0.36$（$R^2=0.87$）。大部分植物水 δD 和 $\delta^{18}O$ 值均介于土壤水 δD 和 $\delta^{18}O$ 值之间，且植物水 δD 和 $\delta^{18}O$ 分布于土壤水线两侧，表明土壤水是马尾松的直接水分来源。

通过对以上各研究区各水体的 δD、$\delta^{18}O$ 值的分析发现，中国亚热带不同类型马尾松人工林生态系统可利用水资源最终均来自大气降水，再一次验证了大气降水是陆地生态系统可利用水资源的主要输入端。同时发现研究区的溪水和浅层地下水的 δD、$\delta^{18}O$ 值相近且偏

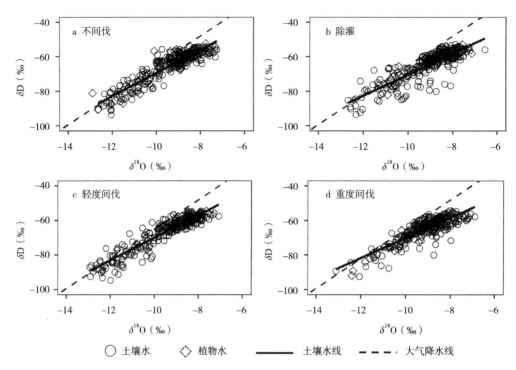

图 6-10　湖北秭归马尾松人工林大气降水、土壤水和马尾松植物水 $\delta D \sim \delta^{18}O$ 的关系

富集，受降水影响较少。林中土壤水均受到大气降水和浅层土壤水的双重补给，且马尾松针阔混交林的土壤水线的斜率相比于纯林更接近同时期大气降水线斜率，进一步表明马尾松针阔混交林具有相对较好的拦截降水的能力。土壤水和浅层地下水是该地区马尾松和阔叶树植物的直接水分来源。马尾松针阔混交林中马尾松和阔叶树种植物水的 δD（$\delta^{18}O$）值存在一定的差异，阔叶植物水 δD（$\delta^{18}O$）更接近于浅层地下水 δD（$\delta^{18}O$），且混交林中阔叶树植物水线比马尾松植物水线更偏离土壤水线，进一步表明混交林中阔叶树种和马尾松的植物水分利用比例存在一定的生态水文分化。

综上，本研究以不同类型马尾松人工林（马尾松纯林及马尾松针阔混交林）为研究对象，基于氢氧稳定同位素技术，结合植物属性、土壤属性等生物与非生物因子，系统定量地研究了中国亚热带不同类型马尾松人工林水文过程中大气降水－地表水－土壤水－浅层地下水－植物水等各水体的来源，定量阐明在不同量级降水对不同类型马尾松人工林中各层土壤水的贡献率以及其主要调控因子，从本质上揭示马尾松人工林的水分利用机制，创新和发展中国亚热带马尾松人工林生态系统水文过程定量研究模式，为今后我国亚热带地区人工林经营管理提供科学理论依据。

本研究阐明了中国亚热带不同类型马尾松人工林（马尾松纯林和马尾松混交林）水文过程及植物水分利用过程，初步揭示了马尾松与阔叶树种（木荷、锥栗、槲栎）的混交效应，研究发现马尾松针阔混交林水资源利用格局及对水文过程的调控作用最优，这为今后马尾松人工林的生态恢复及优化管理提供了科学依据。

第七章

马尾松人工林对水文过程的调控作用

森林对水文过程的影响是其重要生态功能之一。不同类型森林由于物种组成及群落结构等方面的差异，其水文调控功能也会有所不同。森林对水文过程的调控主要包括森林对径流、土壤水及地下水等的影响（刘世荣等，2001；江淼华等，2017；徐庆，2020）。森林与水的关系不仅受森林生态系统水文过程本身的影响，还受到多种因素影响，因此增加了定量描述森林水文调控作用的难度。氢氧稳定同位素具有较高的灵敏度和准确性，可用来定量地研究生态系统水循环过程及植被结构对降水截留的调控作用（徐庆等，2009；2011）。在全球变化背景下，运用氢氧稳定同位素技术系统定量地分析人工林植被结构对水文过程的调控机制对森林生态工程的建设和森林水资源保护等具有重要意义。

第一节 马尾松人工林对降水在土壤剖面入渗过程的调控作用

1. 南亚热带研究区

在南亚热带广东肇庆研究区，小雨（0＜降水量≤10mm）后第1天，马尾松纯林枯枝落叶层水δD和0～10cm深处土壤水δD值较雨前对照土壤水δD值向左偏移且富集，而马尾松针阔混交林枯枝落叶水δD和0～10cm深处土壤水δD值较雨前对照土壤水δD值向右偏移且贫化，10cm以下各层土壤水δD值几乎没有变化。可见，5.4mm的降水只能入渗到马尾松针阔混交林0～10cm深处土壤（图7-1a、图7-2a）。降水20mm（中雨）和降水45.8mm（大雨）后第1天，枯枝落叶层水δD及各层土壤水δD值开始富集，并向左偏移，第3天，各层土壤水δD值开始贫化，并向右偏移，第5天，各层土壤水δD值继续贫化，并向右偏移（图7-1b、图7-1c、图7-2b、图7-2c），可见，大于25mm的降水主要以优先流的形式向深层土壤入渗。而小雨、中雨后5天内，两种类型马尾松人工林中各层土壤水δD差异不大；大雨后5天内，针阔混交林各层土壤水δD显著高于纯林。

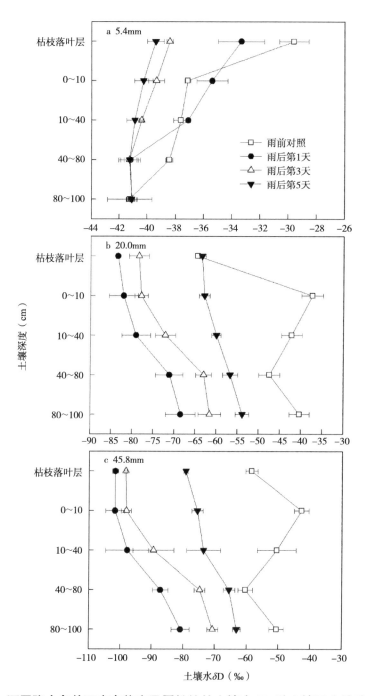

图 7-1 不同降水条件下广东肇庆马尾松纯林土壤水 δD 随土壤深度的动态变化

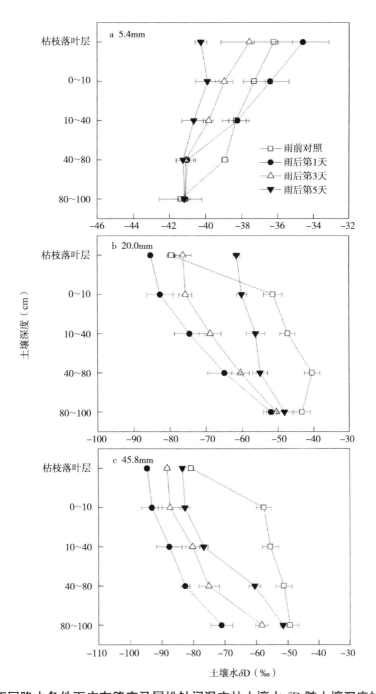

图 7-2 不同降水条件下广东肇庆马尾松针阔混交林土壤水 δD 随土壤深度的动态变化

从图 4-5、图 4-6 可以看出，降水对广东肇庆地区两种不同类型马尾松人工林的表层（0～10cm）土壤水贡献率较大（小雨、中雨及大雨后分别为 0～13.9%、43.0%～83.1%、45.5%～94.4%），对 10～40cm（3 次降水后分别为 0～7.9%、29.2%～74.0%、29.9%～84.4%）、40～80cm（3 次降水后分别为 0、32.9%～61.9%、27.8%～67.5%）、80～100cm（3 次降水后分别为 0、25.7%～55.5%、34.4%～62.3%）深处土壤水贡献率依次降低，进

一步表明马尾松人工林土壤结构对降水在土壤剖面中的入渗过程具有一定调控作用。且小雨和中雨后 5 天内,降水对两种不同类型马尾松人工林(纯林、针阔混交林)土壤水的贡献率没有显著差异,而大雨对针阔混交林土壤水的贡献率显著高于纯林,表明针阔混交林土壤比纯林土壤具有更好的截持强降水能力,可见,针阔混交林对降水在土壤剖面中入渗过程的调控作用优于纯林。

基于以上两个方面分析可以看出,南亚热带广东肇庆地区两种类型马尾松人工林(马尾松纯林、马尾松针阔混交林)对降水在土壤剖面入渗过程均具有一定调控作用,且针阔混交林对降水在土壤剖面入渗过程的调控作用优于纯林。

2. 中亚热带研究区

在中亚热带湖南会同研究区,小雨 8.7mm(0＜降水量≤10mm)后第 1 天,马尾松纯林、马尾松 - 木荷针阔混交林中 0～20cm、20～40cm 深处土壤水 δD 值向左偏移,40cm 以下各层土壤水 δD 值变化不大,可见,小雨未能入渗到 40cm 以下(图 7-3)。降水 15.3mm(中雨)及 36.9mm(大雨)后第 1 天,马尾松纯林、马尾松 - 木荷针阔混交林和木荷纯林中 0～20cm、20～40cm、40～60cm 和 60～80cm 深处土壤水 δD 值向左偏移,降水后第 3 天,0～80cm 土壤水 δD 开始向右偏移,降水第 5 天后,0～80cm 土壤水 δD 继续向右偏移,到第 7～11 天,已接近雨前水平。而小雨、中雨后 11 天内,两种类型马尾松人工林中各层土壤水 δD 差异不大;大雨后 11 天内,针阔混交林各层土壤水 δD 显著高于纯林(图 7-3)。

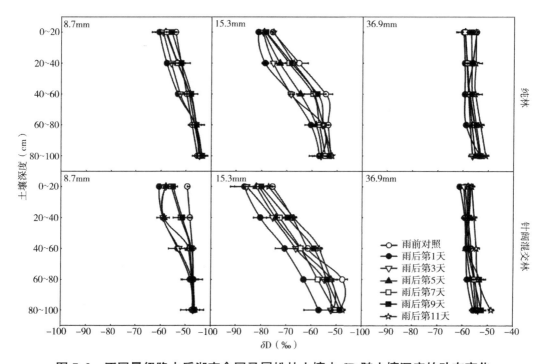

图 7-3 不同量级降水后湖南会同马尾松林土壤水 δD 随土壤深度的动态变化

此外，如图4-7所示，降水对湖南会同地区两种不同类型马尾松人工林表层（0～20cm）土壤水贡献率较大（小雨、中雨及大雨后分别为72.2%～96.9%、61.0%～73.2%、70.1%～84.7%），对20～40cm（3次降水后分别为79.0%～92.1%、50.2%～71.8%、71.6%～78.9%）、40～60cm（3次降水后分别为84.6%～92.9%、36.3%～54.1%、70.0%～79.7%）、60～80cm（3次降水后分别为88.1%～94.1%、26.3%～43.3%、62.4%～78.1%）、80～100cm（3次降水后分别为63.0%～96.1%、30.7%～40.7%、54.7%～74.7%）深处土壤水贡献率依次降低，进一步表明马尾松人工林土壤结构对降水在土壤剖面中的入渗过程具有一定调控作用。且小雨和中雨后11天内，降水对两种类型马尾松人工林土壤水的贡献率差异不显著，而大雨对针阔混交林土壤水的贡献率明显高于纯林，表明针阔混交林土壤比纯林土壤具有更好的截持强降水能力，可见，针阔混交林对降水在土壤剖面中入渗过程的调控作用优于纯林。

基于以上两个方面分析可以看出，中亚热带湖南会同地区两种类型马尾松人工林（马尾松纯林、马尾松针阔混交林）对降水在土壤剖面入渗过程均具有一定调控作用，且针阔混交林对降水在土壤剖面入渗过程的调控作用优于纯林。

3. 北亚热带研究区

在北亚热带湖北秭归研究区，小雨（0＜降水量≤10mm）后第1天，马尾松纯林（对照）、针阔混交林、除灌及轻度采伐4个不同处理马尾松林中的0～40cm浅层土壤水δD变化较大，而40～100cm的深层土壤水δD较为稳定，表明该次降水在第1天即到达40cm土壤。而重度采伐马尾松林地0～60cm土壤水δD均变化显著，表明该次降水在重度采伐马尾松林地可入渗到60cm深处土层（图7-4、图7-5）。

降水13.3mm（中雨）后第1天，马尾松纯林（对照）、马尾松针阔混交林和轻度采伐马尾松林0～60cm土壤水δD显著降低，表明该次降水在第1天即到达60cm的深度，除灌和重度采伐马尾松林0～80cm土壤水δD显著降低，进一步表明该次降水第1天到达80cm深度。到第7天，已接近雨前水平（图7-4、图7-6）。

降水67.7mm（大雨）后第1天，5个不同处理马尾松林中的0～100cm深处土壤水δD值减小，随后各层土壤水δD开始向右偏移；降水后第3～7天，各层土壤水δD逐渐趋向降雨前水平，但第7天仍未恢复到雨前水平（图7-4、图7-7）。

此外，如图4-8所示，小雨及中雨后9天内，降水对湖北秭归5个不同营林处理的马尾松人工林各层土壤水贡献率差异不显著。而大雨后7天内，降水对重度间伐马尾松林各层土壤水贡献率显著低于其他马尾松林，而对马尾松针阔混交林各层土壤水的贡献率显著高于其他马尾松纯林。因此，北亚热带湖北秭归地区5个不同营林处理马尾松人工林对降水在土壤剖面入渗过程均具有一定调控作用，且针阔混交林对降水在土壤剖面入渗过程的调控作用优于其他处理马尾松林，而重度间伐马尾松林对降水在土壤剖面入渗过程的调控作用最差。

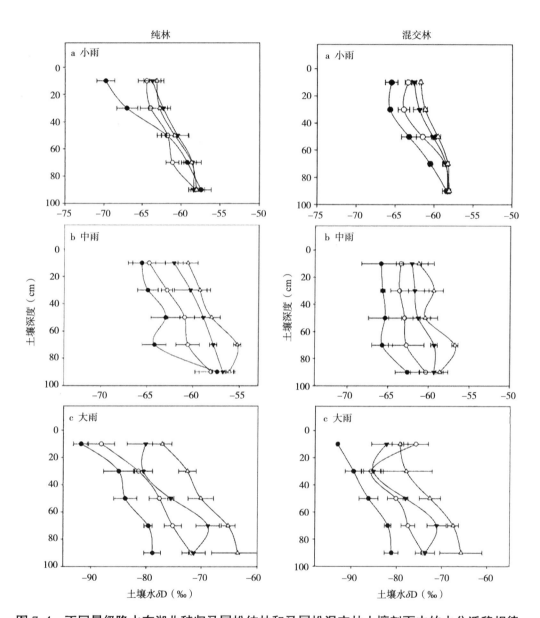

图 7-4 不同量级降水在湖北秭归马尾松纯林和马尾松混交林土壤剖面中的水分迁移规律

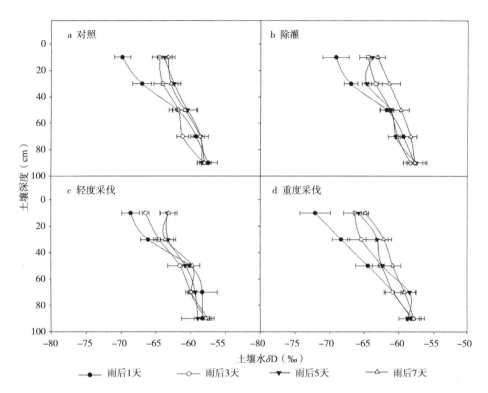

图 7-5 小雨在湖北秭归不同营林处理马尾松林土壤剖面中的水分迁移规律

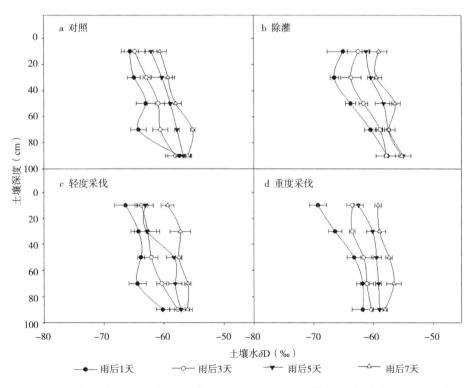

图 7-6 中雨在湖北秭归不同营林处理马尾松林土壤剖面中的水分迁移规律

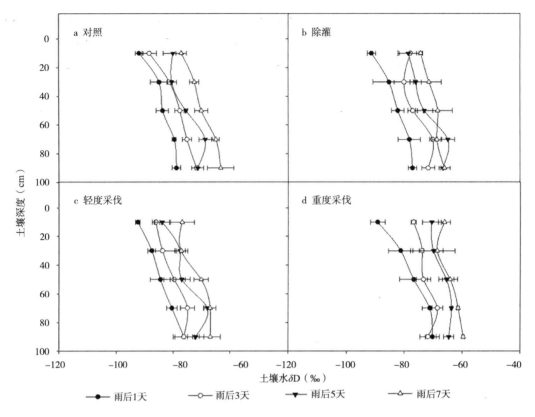

图 7-7　大雨在湖北秭归不同营林处理马尾松林土壤剖面中的水分迁移规律

第二节　马尾松人工林对地下水的调控作用

1. 南亚热带研究区

2013 年 7 月至 2014 年 7 月，南亚热带广东肇庆研究区地下水的氢氧同位素（δD、$\delta^{18}O$）值较稳定，δD 和 $\delta^{18}O$ 基本保持在 -60.96‰ ~ -24.92‰ 和 -8.62‰ ~ -3.98‰ 范围内（图 7-8），表明该研究区马尾松林对地下水有较好的调控作用。另外，该研究区地下水氢氧同位素位于大气降水线右侧，表明广东肇庆地区地下水主要受大气降水补给，且补给过程中存在一定的蒸发（图 7-9）。

2. 中亚热带研究区

2018 年 7 月至 2019 年 11 月，中亚热带湖南会同研究区地下水的氢氧同位素值较稳定，δD、$\delta^{18}O$ 基本稳定在 -38.51‰ ~ -34.78‰、-8.07‰ ~ -6.09‰ 范围内（图 7-10），表明该地区马尾松林对地下水有较好的调控作用。另外，研究区地下水氢氧同位素位于大气降水线左侧，表明湖南会同地区地下水主要受大气降水补给，且补给过程中不存在蒸发分馏（图 7-11）。

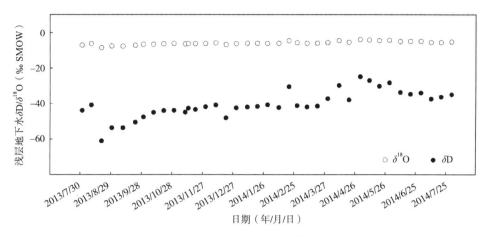

图 7-8　广东肇庆浅层地下水 $\delta D/\delta^{18}O$ 值动态变化

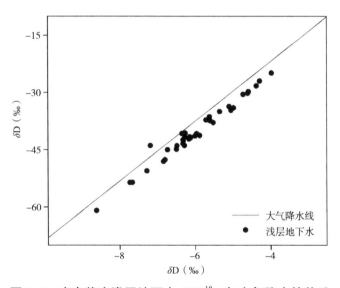

图 7-9　广东肇庆浅层地下水 $\delta D/\delta^{18}O$ 与大气降水的关系

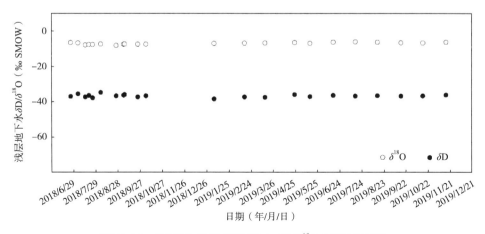

图 7-10　湖南会同浅层地下水 $\delta D/\delta^{18}O$ 值动态变化

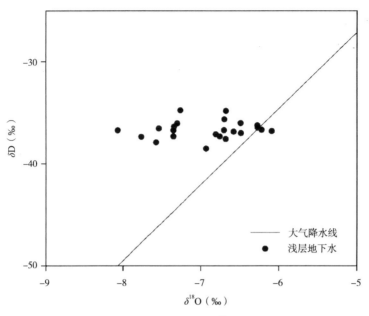

图 7-11　湖南会同浅层地下水 $\delta D/\delta^{18}O$ 与大气降水的关系

3. 北亚热带研究区

2017 年 9 月至 2020 年 9 月，北亚热带湖北秭归研究区地下水的氢氧同位素值较稳定，δD 和 $\delta^{18}O$ 基本保持在 $-70.37‰ \sim -44.52‰$ 和 $-10.40‰ \sim -6.74‰$（图 7-12），表明该地区马尾松林对地下水有较好的调控作用。另外，研究区地下水 $\delta D（\delta^{18}O）$ 位于大气降水线附近，表明该地区地下水主要受大气降水补给（图 7-13）。

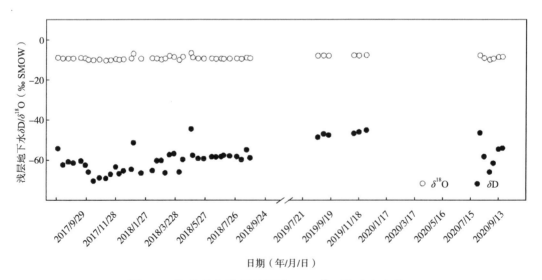

图 7-12　湖北秭归浅层地下水 $\delta D/\delta^{18}O$ 值动态变化

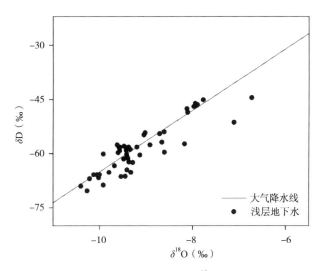

图 7-13　湖北秭归浅层地下水 $\delta D/\delta^{18}O$ 与大气降水的关系

综上，中国亚热带马尾松人工林对降水在土壤剖面中的入渗过程具有一定的调控作用，且针阔混交林的调控作用优于纯林。另外，中国亚热带各研究区马尾松人工林地下水的氢氧同位素值较稳定，表明该地区马尾松林对地下水有较好的调控作用。

参考文献

陈黑虎, 2014. 马尾松、木荷混交林生长效果分析[J]. 安徽农学通报 (17): 105-107.

陈进, 徐明, 邹晓, 等, 2018. 贵阳市不同林龄马尾松林凋落物储量及持水特性[J]. 水土保持研究, 25(6): 146-151.

陈琳, 刘世荣, 温远光, 等, 2018. 南亚热带红锥和马尾松人工林生长对穿透雨减少的响应[J]. 应用生态学报, 29(7): 2330-2338.

戴军杰, 章新平, 罗紫东, 2019. 长沙地区樟树林土壤水稳定同位素特征及其对土壤水分运动的指示[J]. 环境科学研究, 32(6): 60-69.

董小芳, 邓黄月, 张峦, 等, 2017. 上海降水中氢氧同位素特征及与ENSO的关系[J]. 环境科学, 38: 1817-1827.

杜妍, 孙永涛, 李宗春, 等, 2019. 苏南马尾松林分冠层水文过程对降雨的响应特征[J]. 北京林业大学学报, 41(6): 120-128.

段文军, 李海防, 王金叶, 等, 2015. 漓江上游典型森林植被对降水径流的调节作用[J]. 生态学报, 35(3): 663-669.

多祎帆, 王光军, 闫文德, 等, 2012. 亚热带3种森林类型土壤微生物碳、氮生物量特征比较[J]. 中国农学通报, 28(13): 14-19.

房丽晶, 高瑞忠, 刘廷玺, 等, 2020. 巴拉格尔河流域土壤传递函数构建与评估[J]. 干旱区研究, 37(5): 64-73.

高德强, 徐庆, 张蓓蓓, 等, 2017a. 鼎湖山大气降水氢氧同位素特征及水汽来源[J]. 林业科学研究, 30(3): 384-391.

高德强, 徐庆, 张蓓蓓, 等, 2017b. 降水对鼎湖山季风常绿阔叶林土壤水氘特征的影响[J]. 林业科学, 53(4): 1-8.

龚诗涵, 肖洋, 方瑜, 等. 2016. 中国森林生态系统地表径流调节特征[J]. 生态学报, 36(22): 7472-7478.

姜春武, 徐庆, 张蓓蓓, 等, 2017. 马尾松光合生理特性及资源利用效率研究进展[J]. 世界林业研究, 30(4): 24-28.

江淼华, 吕茂奎, 胥超, 等, 2017. 亚热带米槠次生林和杉木人工林林冠截留特征比较[J]. 水土保持学报, 31(1): 116-121+126.

靳宇蓉, 鲁克新, 李鹏, 等, 2015. 基于稳定同位素的土壤水分运动特征[J]. 土壤学报 (4): 792-801.

雷丽群, 农友, 陈琳, 等, 2018. 广西马尾松和红锥纯林降水再分配及冠层淋溶效应[J]. 生态学杂志, 37(10): 24-30.

李海防, 赵明秀, 樊亚明, 等, 2016. 漓江上游猫儿山3种典型植被不同层次土壤的含水量[J]. 水土保持通报, 36(3): 69-73.

林光辉, 2013. 稳定同位素生态学[M]. 北京: 高等教育出版社.

刘世荣, 常建国, 孙鹏森, 2007. 森林水文学: 全球变化背景下的森林与水的关系[J]. 植物生态学报,

31(5): 753-756.

刘世荣, 代力民, 温远光, 等, 2015. 面向生态系统服务的森林生态系统经营: 现状、挑战与展望[J]. 生态学报, 35(1): 1-9.

刘世荣, 孙鹏森, 王金锡, 等, 2001. 长江上游森林植被水文功能研究[J]. 自然资源学报, 16(5): 451-456.

马雪华, 杨茂瑞, 胡星弼, 1993. 亚热带杉木、马尾松人工林水文功能的研究[J]. 林业科学, 29(3): 199-206.

孟祥江, 何邦亮, 马正锐, 等, 2018. 我国马尾松林经营现状及近自然育林探索[J]. 世界林业研究, 31(3): 63-67.

莫江明, 彭少麟, 方运霆, 等, 2001. 鼎湖山马尾松针阔叶混交林土壤有效氮动态的初步研究[J]. 生态学报, 21(3): 492-497.

秦娟, 唐心红, 杨雪梅, 2013. 马尾松不同林型对土壤理化性质的影响[J]. 生态环境学报, 22(4): 598-604.

石辉, 刘世荣, 赵晓广, 2003. 稳定性氢氧同位素在水分循环中的应用[J]. 水土保持学报 (2): 163-166.

隋明浈, 张瑛, 徐庆, 等, 2020. 水汽来源和环境因子对湖南会同大气降水氢氧同位素组成的影响[J]. 应用生态学报, 31(6): 1791-1799.

孙艳, 李四高, 张楠, 2018. 林龄对马尾松人工林水源涵养能力的影响研究[J]. 中国水土保持 (7): 22-24.

田敏, 陈余萍, 柴钰翔, 等, 2010. 基于时空角度的昭通市农业旱灾致灾风险评价[J]. 江苏农业科学 (6): 504-507.

王贺, 李占斌, 马波, 等, 2016. 黄土高原丘陵沟壑区不同水体间转化特征——以韭园沟流域为例[J]. 中国水土保持科学, 14(3): 19-25.

王婷, 高德强, 徐庆, 等, 2020. 三峡库区秭归段大气降水δD和$\delta^{18}O$特征及水汽来源[J]. 林业科学研究, 33(6): 88-95

徐庆, 安树青, 刘世荣, 等, 2008. 环境同位素在森林生态系统水循环研究中的应用[J]. 世界林业研究, 21(3): 11-15.

徐庆, 冀春雷, 王海英, 等, 2009. 氢氧碳稳定同位素在植物水分利用策略研究中的应用[J]. 世界林业研究, 22(4): 41-46.

徐庆, 刘世荣, 安树青, 等, 2007. 四川卧龙亚高山暗针叶林土壤水的氢稳定同位素特征[J]. 林业科学, 43(1): 8-14.

徐庆, 刘世荣, 安树青, 等, 2006a. 卧龙地区大气降水氢氧同位素特征的研究[J]. 林业科学研究, 19(6): 679-686.

徐庆, 任冉冉, 张蓓蓓, 等, 2022. 碳氢氧稳定同位素在陆地生态系统植物水分利用研究中的应用[J]. 陆地生态系统与保护学报, 1(1): 73-81.

徐庆, 王海英, 刘世荣, 2011. 变叶海棠及其伴生植物峨眉小檗的水分利用策略[J]. 生态学报, 31(19): 5702-5710.

徐庆, 王中生, 刘世荣, 等, 2006b. 川西亚高山暗针叶林降水分配过程中氧稳定同位素特征[J]. 植物生态学报, 30(1): 83-89.

徐庆, 2020. 稳定同位素森林水文[M]. 北京: 中国林业出版社.

杨予静, 刘世荣, 陈琳, 等, 2018. 模拟降雨减少对马尾松人工林凋落物量及其化学性质的短期影响[J]. 生态学报, 38(13): 4770-4778.

袁秀锦, 王晓荣, 潘磊, 等, 2018. 三峡库区不同类型马尾松林枯落物层持水特性比较[J]. 水土保持学报, 32(3): 160-166.

张蓓蓓, 徐庆, 姜春武, 2017. 安庆地区大气降水氢氧同位素特征及水汽来源[J]. 林业科学, 53(12): 20-29.

张荷惠子, 于坤霞, 李占斌, 等, 2019. 黄土丘陵沟壑区小流域不同水体氢氧同位素特征[J]. 环境科学, 40(7): 72-80.

张宇, 张明军, 王圣杰, 等, 2020. 基于稳定氧同位素确定植物水分来源不同方法的比较[J]. 生态学杂志, 39 (4): 292-304.

张志强, 余新晓, 赵玉涛, 等, 2003. 森林对水文过程影响研究进展[J]. 应用生态学报, 14(1): 113-116.

赵宾华, 李占斌, 李鹏, 等, 2017. 黄土区生态建设对流域不同水体转化影响[J]. 农业工程学报, 33(23): 179-187.

ALBAUGH T J, ALBAUGH J M, FOX T R, et al, 2016. Tamm Review: Light use efficiency and carbon storage in nutrient and water experiments on major forest plantation species[J]. Forest Ecology and Management, 376: 333-342.

ALLEN S T, KEIM R F, BARNARD H R, et al, 2017. The role of stable isotopes in understanding rainfall interception processes: a review[J]. WIREs Water, 4: e1187.

ASBJORNSEN H, SHEPHERD G, HELMERS M, et al, 2008. Seasonal patterns in depth of water uptake under contrasting annual and perennial systems in the Corn Belt Region of the Midwestern U.S[J]. Plant and Soil, 308: 69-92.

BONGERS F J, SCHMID B, SUN Z, et al, 2020. Growth–trait relationships in subtropical forest are stronger at higher diversity[J]. Journal of Ecology, 108: 256-266.

BROOKS J R, BARNARD H R, COULOMBE R, et al, 2010. Ecohydrologic sep-aration of water between trees and streams in a Mediterranean climate[J]. Nature Geoscience, 3 (2): 100-104.

CAHYO A N, BABEL M S, DATTA A, et al, 2016. Evaluation of land and water management options to enhance productivity of rubber plantation using wanulcas model[J]. Agrivita, 38(1): 93-103.

CHAMBERLAIN C P, WINNICK M J, MIX H T, et al, 2015. The impact of neogene grassland expansion and aridification on the isotopic composition of continental precipitation[J]. Global Biogeochemical Cycles, 28(9): 992-1004.

CHEN Y, CAO K, SCHNITZER S A, et al, 2015. Water-use advantage for lianas over trees in tropical seasonal forests[J]. New phytologist, 205(1): 128-136.

CRAIG H, 1961. Isotopic variations in meteoric waters[J]. Science, 133: 1702-1703.

DANSGAARD W, 1964. Stable isotopes in precipitation[J]. Tellus, 16(4): 436-468.

DE DEURWAERDER H, HERVÉ-FERNÁNDEZ P, STAHL C, et al, 2018. Liana and tree below-ground water competition—evidence for water resource partitioning during the dry season[J]. Tree physiology, 38: 1071-1083.

GAO D, ZHANG B, XU Q, et al, 2022. Seasonal water uptake patterns of different plant functional types in the monsoon evergreen broad-leaved forest of Southern China[J]. Forests, 13(9): 1527.

GAO X, LI H, ZHAO X, et al, 2018. Identifying a suitable revegetation technique for soil restoration on water-limited and degraded land: considering both deep soil moisture deficit and soil organic carbon sequestration[J]. Geoderma, 319: 61-69.

GASTMANS, DIDIER, HUTCHEON, et al, 2017. Stable isotopes, carbon-14 and hydrochemical composition from a basaltic aquifer in Sao paulo State, Brazil[J]. Environmental Earth Sciences, 76: 150.

GONG C, TAN Q, XU M, et al, 2020. Mixed-species plantations can alleviate water stress on the Loess plateau[J]. Forest Ecology and Management, 458: 117767.

GREEN J K, SENEVIRATNE S I, BERG A M, et al, 2019. Large influence of soil moisture on long-term terrestrial carbon uptake[J]. Nature, 565: 476-479.

GU L, KONG J, CHEN K, et al, 2019. Monitoring soil biological properties during the restoration of a phosphate mine under different tree species and plantation types[J]. Ecotoxicology and Environmental Safety, 180: 130-138.

HUANG Y, CHEN Y, CASTRO-IZAGUIRRE N, et al, 2018. Impacts of species richness on productivity in a large-scale subtropical forest experiment[J]. Science, 362: 80-83.

KATHLEEN D, AWADA E T, HARVEY F E, et al, 2009. Seasonal changes in depth of water uptake for encroaching trees Juniperus virginiana and pinus ponderosa and two dominant C4 grasses in a semiarid grassland[J]. Tree physiology, 29(2):157-169.

KÜHNHAMMER K, KÜBERT A, BRÜGGEMANN N, et al, 2020. Investigating the root plasticity response of Centaurea jacea to soil water availability changes from isotopic analysis[J]. New phytologist, 226: 98-110.

LEVIA D F, GERMER S, 2015. A review of stemflow generation dynamics and stemflow-environment interactions in forests and shrublands[J]. Reviews of Geophysics, 53: 673-714.

LI G, ZHANG X, XU Y, et al, 2017. Synoptic time-series surveys of precipitation $\delta^{18}O$ and its relationship with moisture sources in Yunnan, southwest China[J]. Quaternary International, 440: 40-51.

LIU Y, XU Z, LIU F, et al, 2013. Analyzing effects of shrub canopy on throughfall and phreatic water using water isotopes, Western China[J]. Acta Hydrochimica Et Hydrobiologica, 41(2): 179-184.

MADONI P, DAVOLI D, FONTANI N, et al, 2001. Spatial distribution of microorganisms and measurements of oxygen uptake rate and ammonia uptake rate activity in a drinking water biofilter[J]. Environmental Technology, 22: 455-462.

MENG Y, LIU G, 2016. Isotopic characteristics of precipitation, groundwater, and stream water in an alpine region in southwest China[J]. Environmental Earth Sciences, 75(10): 894.

MONTENEGRO S, RAGAB R, 2012. Impact of possible climate and land use changes in the semi arid regions: a case study from North Eastern Brazil[J]. Journal of Hydrology, 434-435: 55-68.

O'KEEFE K, NIPPERT J B, MCCULLOH K A, 2019. plant water uptake along a diversity gradient provides evidence for complementarity in hydrological niches[J]. Oikos, 128: 1748-1760.

OTTO M S G, VERGANI A R, GONALVES A N, et al, 2017. Impact of water supply on stomatal conductance, light use efficiency and growth of tropical Eucalyptus plantation in Brazil[J]. Revista Ecologia e Nutrição Florestal - ENFLO, 4(3):87-93.

PENG T R, HUANG C, WANG C, et al, 2012. Using oxygen, hydrogen, and tritium isotopes to assess pond water's contribution to groundwater and local precipitation in the pediment tableland areas of northwestern Taiwan[J]. Journal of Hydrology, 450: 105-116.

QUBAJA R, GRÜNZWEIG J M, ROTENBERG E, et al, 2020. Evidence for large carbon sink and long residence time in semiarid forests based on 15 year flux and inventory records[J]. Global Change Biology, 26: 1626-1637.

RAFAEL A R, FERNANDO P G, HORACIO P, et al, 2017. Differentiation in the water-use strategies among oak species from central Mexico[J]. Tree physiology (7): 1-11.

REDELSTEIN R, CONERS H, KNOHL A, et al, 2018. Water sources of plant uptake along a salt marsh flooding gradient[J]. Oecologia, 188: 607-622.

REVERCHON F, BAI S, LIU X, et al, 2015. Tree plantation systems influence nitrogen retention and the abundance of nitrogen functional genes in the Solomon Islands[J]. Frontiers in Microbiology, 6: 1439-1439.

SÁNCHEZ-MURILLO R, BIRKEL C, 2016. Groundwater recharge mechanisms inferred from isoscapes in a complex tropical mountainous region[J]. Geophysical Research Letters, 43: 5060-5069.

SCHACHTSCHNEIDER K, FEBRUARY E C, 2010. The relationship between fog, floods, groundwater and tree growth along the lower Kuiseb River in the hyperarid Namib[J]. Journal of Arid Environments, 74(12): 1632-1637.

SHERWOOD S, FU Q, 2014. A drier future[J]. Science, 343: 737-739.

STOCKER B D, ZSCHEISCHLER J, KEENAN T F, et al, 2018. Quantifying soil moisture impacts on light use efficiency across biomes[J]. New phytologist, 218: 1430-1449.

SUI M, ZHANG B, XU Q, et al, 2021. Effects of plantation types and patterns on rainfall partition in soil in a mid-subtropical region of China[J]. Plant and Soil, 466: 223-237.

SUN G, LIU Y, 2013. Forest Influences on Climate and Water Resources at the Landscape to Regional Scale[J]. Landscape Ecology for Sustainable Environment and Culture: 309-334.

TAN M, 2014. Circulation effect: response of precipitation $\delta^{18}O$ to the ENSO cycle in monsoon regions of China[J]. Climate Dynamics, 42(3-4): 1067-1077.

TANG Y, SONG X, ZHANG Y, et al, 2017. Using stable isotopes to understand seasonal and interannual dynamics in moisture sources and atmospheric circulation in precipitation[J]. Hydrological processes, 31(26): 4682-4692.

TANG Y, WEN X, SUN X, et al, 2014. The limiting effect of deep soil water on evapotranspiration of a subtropical coniferous plantation subjected to seasonal drought[J]. Advances in Atmospheric Sciences, 31(2): 385-395.

TANG Y, WU X, CHEN Y, et al, 2018. Water use strategies for two dominant tree species in pure and mixed plantations of the semiarid Chinese Loess plateau[J]. Ecohydrology, 11(4): e1943.

TEAM R C, 2018. A language and environment for statistical computing[OL]. R Foundation for Statistical Computing, Vienna, Austria. https://www. R-project.org/.

TIEMUERBIEKE B, MIN X, ZANG Y, et al, 2018. Water use patterns of co-occurring C3 and C4 shrubs in the Gurbantonggut desert in northwestern China[J]. Science of the Total Environment, 634(SEp.1): 341-354.

VERHEYEN K, VANHELLEMONT M, AUGE H, et al, 2015. Contributions of a global network of tree diversity experiments to sustainable forest plantations[J]. Ambio, 45(1): 29-41.

WAN H, LIU W, XING M, 2018. Isotopic composition of atmospheric precipitation and its tracing significance in the Laohequ Basin, Loess plateau, China[J]. Science of the Total Environment, 640-641: 989-996.

WANG C, FU B, ZHANG L, et al, 2019. Soil moisture–plant interactions: an ecohydrological review[J]. Journal of Soils and Sediments, 19: 1-9.

WANG J, FU B, LU N, et al, 2017. Seasonal variation in water uptake patterns of three plant species based on stable isotopes in the semi-arid Loess plateau[J]. Science of the Total Environment, 609(dec.31): 27.

WANG J, FU B, WANG L, et al, 2020. Water use characteristics of the common tree species in different plantation types in the Loess plateau of China[J]. Agricultural and Forest Meteorology, 288-289: 108020.

WANG J, SONG C, REAGER J T, et al, 2018. Recent global decline in endorheic basin water storages. Nature Geoscience, 11: 926-932.

WANG T, XU Q, GAO D, et al, 2021. Effects of thinning and understory removal on the soil water-holding capacity in pinus massoniana plantations[J]. Scientific Reports, 11: 13029.

WANG T, XU Q, ZHANG B, et al, 2022. Effects of understory removal and thinning on water uptake patterns in pinus massoniana Lamb. plantations: Evidence from stable isotope analysis[J]. Forest Ecology and Management, 503: 119755.

WELTZIN J F, LOIK M E, SCHWINNING S, et al, 2003. Assessing the response of terrestrial ecosystems to potential changes in precipitation[J]. BioScience, 53(10): 941-952.

WU D, WANG T, DI C, et al, 2020a. Investigation of controls on the regional soil moisture spatiotemporal patterns across different climate zones[J]. Science of the Total Environment, 726: 138214.

WU H, LI X, LI J, et al, 2016. Differential soil moisture pulse uptake by coexisting plants in an alpineAchnatherum splendensgrassland community[J]. Environmental Earth Sciences, 75(10): 914.

WU H, ZHANG X, LI X, et al, 2015. Seasonal variations of deuterium and oxygen-18 isotopes and their response to moisture source for precipitation events in the subtropical monsoon region[J]. Hydrological processes, 29: 90-102.

WU J, ZENG H, ZHAO F, et al, 2020b. Recognizing the role of plant species composition in the modification of soil nutrients and water in rubber agroforestry systems[J]. Science of the Total Environment, 723: 138042.

XU Q, LI H, CHEN J, et al, 2011. Water use patterns of three species in subalpine forest, Southwest China: the deuterium isotope approach[J]. Ecohydrology, 4(2): 236-244.

XU Q, LIU S, WAN X, et al, 2012. Effects of rainfall on soil moisture and water movement in a sub alpine dark coniferous forest in southwestern China[J]. Hydrological processes, 26(25): 3800-3809.

YANG B, WEN X, SUN X, 2015. Seasonal variations in depth of water uptake for a subtropical coniferous plantation subjected to drought in an East Asian monsoon region[J]. Agricultural and Forest Meteorology, 201: 218-228.

YANG Q, MU H, WANG H, et al, 2018. Quantitative evaluation of groundwater recharge and evaporation intensity with stable oxygen and hydrogen isotopes in a semi-arid region, Northwest China[J]. Hydrological processes, 32: 1130-1136.

YU W, YAO T, TIAN L, et al, 2016. Short-term variability in the dates of the Indian monsoon onset and retreat on the southern and northern slopes of the central Himalayas as determined by precipitation stable isotopes[J]. Climate Dynamics, 47(1): 159-172.

ZHANG B, XU Q, GAO D, et al, 2020a. Altered water uptake patterns of populus deltoides in mixed riparian forest stands[J]. Science of the Total Environment, 706: 135956.

ZHANG B, XU Q, GAO D, et al, 2022. Ecohydrological separation between tree xylem water and groundwater: Insights from two types of forests in subtropical China[J]. Plant and Soil, 480: 625-635.

ZHANG B, XU Q, GAO D, et al, 2019. Higher soil capacity of intercepting heavy rainfall in mixed stands than in pure stands in riparian forests[J]. Science of the Total Environment, 658: 1514-1522.

ZHANG Q, WEI W, CHEN L, et al, 2020b. Plant traits in influencing soil moisture in semiarid grasslands of the Loess plateau, China[J]. Science of the Total Environment, 718: 137355.

ZHANG Z, JIN G, FENG Z, et al, 2020c. Joint influence of genetic origin and climate on the growth of Masson pine (*Pinpus massoniana* Lamb.) in China[J]. Scientific Reports, 10: 4653.

ZHAO P, TANG X, ZHAO P, et al, 2018. Temporal partitioning of water between plants and hillslope flow in a subtropical climate[J]. Catena, 165: 133-144.

ZHU J, LIU J, LU Z, et al, 2018. Water-use strategies of coexisting shrub species in the Yellow River Delta, China[J]. Canadian Journal of Forest Research, 48(9): 1099-1107.